JN253560

――世界自然保護基金の知られざる闇――

WWF黒書

ヴィルフリート・ヒュースマン 著／鶴田由紀 訳

緑風出版

Schwarzbuch WWF-Dunkle Geschäfte
im Zeichen des Panda
by Wilfried Huisman

「ＣＩＡに潜入する方が、ＷＷＦよりよほど簡単だ」。
レイモンド・ボナー　『ニューヨーク・タイムズ』記者

「生まれ変わったら、殺人ウイルスになって、人口過剰問題に多少なりとも貢献したい」。

エジンバラ公フィリップ王配　一九八八年八月　ドイツ通信社のインタビューで

目次

WWF黒書――世界自然保護基金の知られざる闇

第一章　花嫁はパンダを身にまとう

地元ブレーメン〔訳注：ドイツ、ブレーメン州の州都、著者の住まいがある〕のオーガニック・ファーマーズ・マーケットで、私はアブイードとばったり会った。彼は、生まれ故郷のメキシコで結婚し、ブレーメンに戻ってきたばかりだった。彼はよりにもよってサパティスタ〔訳注：サパティスタ民族解放軍：メキシコで最も貧しいと言われるチアパス州で一九九四年に北米自由貿易協定〔NAFTA〕に反対する先住民族が組織したゲリラ組織。その名称はメキシコ革命の指導者エミリアーノ・サパタ・サラサールの名にちなむ〕の震源地、チアパス出身だ。戻ってきて数日たつが、まだ気が滅入っていると言う。サン・クリストバル〔訳注：サン・クリストバル・デ・ラス・カサス：チアパス州の都市。その名称は十六世紀の侵略者の残虐行為に異を唱えたスペイン人カトリック教会司祭バルトロメ・デ・ラス・カサスにちなむ〕では革命への熱意などどこかに消し飛んでいて、その代わりにコカ・コーラによる鉄の支配に制圧されていた。由緒あるバロック式大聖堂に入ったとたん、アブイードは石畳の上にかがみ込んで古代マヤの神々に情熱的な祈りを捧げる数百人の参拝者の、耳をつんざく雷鳴のような声に迎えられた。やがて多くの参拝者はエクスタシーに達し、トランス状態で踊りだした。アブイードは、儀式でポークスを飲んだせいだろうと思った。ポークスとは、この地方の聖なるシュナップス〔訳注：強い蒸留酒〕だ。ポークスでゲップを出して、邪悪な精霊も一緒に吐き出す。昔から伝わる除霊の儀式だ。しかしアブイードは一口飲んで吐き出しそうになった。それは土着の酒ではなく、コカ・コーラだった。

それというのもグローバル企業コカ・コーラと教会との間に、あるパートナーシップ契約が結ばれていたからだった。教会に寄付する代わりに、コーク以外の飲料を神殿から追放するという契約だ。地元のスーパーの飲料コーナーにも、コカ・コーラだけが並んでいた。スーパーの経営者は、売り場の棚から他のすべての飲料を取り除けば、コカ・コーラからボーナスがもらえる。通りという通りには、コークの空き缶が散乱している。旅行者は、ニッと笑った地元の子どもたちに歯がないと気づく。チアパスでは地球上のどんな場所よりもコカ・コーラが消費されている。コカ・コーラは市街地を見下ろす山の湧水の権利を買い取った。コカ・コーラがチアパスのゲリラと互恵契約を結んだと聞いても、誰も驚かないだろう。サパティスタの司令官でさえ、コカ・コーラを飲む時代になってしまった。

世界は今、知らず知らずのうちに、残虐な多国籍企業に支配されつつある。チアパスはその縮図だ。チアパスを見れば、みさかいのない大量消費文明に襲われる恐ろしさがよくわかる。私がこの話をしたのが十年前だったら、誰も信じなかったろう。その背景となる話はこうだ。世界最大の水の消費者としての悪評を返上しようと、コカ・コーラのマーケティング部門は自社の「グリーン化」に着手した。内容物については悪名高いほどトップシークレットとされているこの甘ったるいソフトドリンクは、「世界の天然資源を保全する」ために「持続可能」で「グリーンな」製品に姿を変えた。ところが、広告製作者の明るくエコ・フレンドリーなメッセージが消費者の心に響いたかというと、そうもいかなかった。

そこでコカ・コーラは、自社から連想される悪いイメージを払拭してくれる清らかな面立ちの花嫁をめとることにした。二〇〇七年、コカ・コーラとWWFは協力関係を結び、「世界の飲料水の保護のために力を合わせる」と宣言した。そしてコカ・コーラは、あの超有名なパンダを製品の目立つところにプリントして良いことになった。信頼をイメージできる上に、抱きしめたくなるほどキュートなパンダのマークは、特に子どもたちに愛されている。パンダマークで未来の消費者の忠誠心が手に入るなら、パートナーシップに投資した甲斐があったというものだ。WWFの後援にコカ・コーラは二千万ドルをかけた。市場リサーチによればWWFパンダは世界で最も信頼されるブランド・マークだそうだ。そこを踏まえた、ちょっとした買い物だ。

WWFはこのパートナーシップ契約で莫大な金を手にしただけでなく、ビッグビジネスに引き立てられ、その存在が経済界に広く認められることになった。私はWWFのホームページで、こんなビデオクリップを見つけた。コカ・コーラのCEOムーター・ケントとWWFアメリカ総裁カーター・ロバーツが北極探検に向かうという内容だ。夕暮れの雪景色とホッキョクグマが映し出される。WWFのトップはこう言った。「二つの世界最大ブランドがパートナーシップで一つになります。……本当の世界一なら、マーケットシェアの拡大だけを求めるのではなく、世界が直面する問題解決のリーダーになりたいと願うはずです。……だから私たちはコークを選びました」。毛皮付きのジャケットを着たコカ・コーラ側のお相手は、感情を高ぶらせてこう付け加えた。「これから何世代にもわたって大勢（の人々）が、素晴らしいホッキョクグマを見ることができるように、そしてこの惑星で暮らすことができるように、私たちは密接に連携していくでしょう」。

WWF上層部は、地球規模で活躍する利益優先主義の大金持ちと嬉しそうに肩を並べる。コカ・コーラと巨大GMO〔遺伝子組み換え作物〕〔訳注：genetically modified organism：GMは遺伝子組み換え、Oは作物を意味する〕企業モンサントの経営陣は、スイスのWWFアカデミーで「ワン・プラネット・リーダーズ」になる訓練を受ける。そしてコカ・コーラの元CEOネビル・イズデルは今、WWFアメリカ人事委員会の会長だ。彼は有望な人材をヘッドハンティングし、WWF上級職として任命する。かつては上級職を選挙で決めていたが、そんなことはもうやらない。

WWF市場変革プログラム上級副代表ジェイソン・クレイは、エネルギー部門と食料部門の一〇〇大企業と契約を結ぶという彼の計画を、世界に向けて発表した。この二つのビジネスが世界の最も重要な商品をコントロールしているから、そして「一〇〇社が向上すれば、他のすべての企業がそれに従って向上する」からだそうだ。ジェイソン・クレイは、WWFが「やさしく包み込めば」大きな悪ガキたちが本当に「良くなる」と確信している。そんなに簡単なことだったのか。今まで誰も思いつかなかったなんて、妙な話だ。

とんでもない数のWWFパートナーが、とてつもない環境汚染や貴重な天然資源の乱開発に手を染めている。ブリティッシュ・ペトロリアム、エクソン・モービル、マリンハーベスト〔訳注：第四章参照〕、シェル、マクドナルド、モンサント、ウェアーハウザー〔訳注：アメリカの木材・製紙会社〕、アルコア〔訳注：アメリカのアルミニウム製造会社〕、そして世界最大のパームオイル会社ウィルマー〔訳注：第六章参照〕。パンダはこういう企業の見てくれを良くしてくれる。しかしWWFはなぜ彼らの仲間になったのだろう？

それが本当に、世界をより良くする方法なのか？　それとも、ＷＷＦは現金に魂を売り渡してしまっただけなのか？　緑の帝国の暗部に向かう私たちの調査旅行は、世界中を巡ることになるだろう。旅の終わりに、まったく別の姿のパンダが見えてくることだろう。

第二章　虎穴に入らずんば

ＷＷＦ、すなわち世界自然保護基金の国際本部は、スイスのグラン、レマン湖のほとりにある。古ぼけた灰色のコンクリートの建物は、ドイツのデパート王ヘルムート・ホルテン〔訳注：ドイツのデパートチェーン、ホルテンＡＧの創業者〕からの寄付だ。周辺の村が牧歌的なだけに、その景観に宣戦布告でもしているように見える。それは私の最初のＷＷＦ取材訪問で、私のカバンには重大な質問がぎっしり詰まっていた。

建物の中は、廊下も会議室も活気に満ちていた。ジーンズにスニーカーという出で立ちの、国際色豊かな若者たちの友好的な微笑みがその場を支配していた。世界各国からやって来た働き者たちは、都会的でクリエイティブでかっこいい。「私たちは一つの大きなチームなんだ」。ＰＲ部門の代表フィル・ディッキーは、受付で私の顔を見ると晴れやかな表情でそう宣言した。

フィル・ディッキーはオーストラリア人だ。彼のオフィスに向かう長い道のりの途中、以前はオーストラリア政府の「秘密情報部」で働いていたと小声で打ち明けた。ディッキーは、この取材にロブ・スーターを呼んだ。この背の高い白人の南アフリカ人はWWFの古株で、絶滅の危機に瀕する生物種保護キャンペーンの代表を何年も務め、現在はサンクトペテルブルクで開催される国際「タイガー・サミット」の業務に多忙を極めていた。サミットのホストは、ウラジーミル・プーチンだ。ロブ・スーターは、企業とWWFとのパートナーシップに関する私の批判的な質問のすべてを、片手を振りながらはねつけた。「コカ・コーラは私たちの戦略的パートナーの一つだ。ノーばかり言っていては、世界は変えられない。企業には力がある。彼らと手を組まなければ何も成し遂げられないよ」。コカ・コーラはWWFとのパートナーシップを通じて、ボトリング工場での飲料水使用量を二〇パーセント減らし、カーボン・フットプリント〔訳注：温室効果ガス排出量〕も減らした。それにホッキョクグマを救うために力を合わせるのは、悪いことじゃないだろう？　まぁとりあえず、良さそうだ。

一九六一年に設立されたWWFは、草の根の抗議行動から生まれた団体ではない。設立当初から、中心的メンバーである世界的セレブのための団体だった。

広報担当の狡猾なフィル・ディッキーは、この取材においてロブ・スーターが頼りになる男だと予測して、この席に呼ぶことを提案したようだ。WWFは何も隠さない。すべて、完璧にオープンだ。どんどん質問しなさい！　オーケー。では、遺伝子組み換えに関するWWFの立場は？　WWFは巨大GM企業モンサントと共に、責任ある大豆に関する円卓会議〔訳注：Round Table for Responsible Soy〕（RTRS）に参加している。WWF以外の自然保護団体はモンサントを悪魔の生まれ変わりと見なしているため、そのことで大いにショックを受けている。フィルの表情が暗くなった。口の中でこう呪いの言葉を吐いているようだった。「忌々しい遺伝子組み換えめ」。いきなり痛いところを突いてしまったかな。

ＷＷＦヨーロッパ支部のほとんどはＧＭ〔遺伝子組み換え〕技術を拒絶している、と彼は言った。ロブ・スーターも機嫌が悪そうだった。彼がこれ以上気分を悪くしないように私は素早く話題を変え、ＷＷＦの生物種保護ポリシーについて尋ねた。彼の意に添う話題だ。スーターの顔は明るくなり、ナミビアのカオコランド〔訳注：ナミビア北西の山脈〕の動物保護区で馬の背にまたがって夕焼けのサファリを一緒に巡らないかと私を誘った。第一印象は、たとえばこんな感じだそうだ。「ライオンの家族と目が合う、それはもう素晴らしい感覚だよ」。手つかずのウィルダネス〔訳注：wilderness：人間の手の及ばない自然。植民地時代の開拓の及ばない土地をさす〕という夢。スーターは古き良きＷＷＦロマンチックの原型だ。設立当時の過ちを正当化しようとしている、と言ったら言い過ぎか。

一九八〇年代までアフリカの野生生物公園は、完全に白人の手の中にあった。スーターが素直に認めたように、「そのためＷＷＦは植民地統治の延長だと多くのアフリカの黒人たちに思われていた。しかし私たちは、それ以来多くを学び、今では現地のコミュニティと密接に協力し合っている。われわれは彼らに仕事を与える。彼らは動物の保護が自分たちの一番の利益になると理解する。今ではそんな風にうまくやっているよ」。

そういう先住民族への恩着せがましい考え方が、不協和音のもとなのだ。まるで擦り切れた植民地主義時代の信条を懐かしんでいるように聞こえる。私たち見識ある白人は世慣れている。遅れた黒人諸君の手を取って自然の扱い方を教えてやるのが私たちの仕事だ。赤毛の取材相手のあからさまな尊大さに私は怒りを抑えなければならなかった。何世紀にもわたって先住民族が、アフリカの森林やサバンナを破壊することなくその恩恵を受けながら暮らしてきたという事実を、なんだってこうも単純に無視できるのか。アフリカのライオン、サイ、ゾウ、バッファローは、白人帝国主義者がやって来るまでは脅威にさらされてなどいなかった。アフリカ大陸でとんでもない大量殺戮を行なったのは、「文明」世界から来た野生生物ハンターだ。その殺戮のあとで、将来的に狩りの獲物を確保するために、植民地政府はアフリカの南部諸国に「白人オンリー」の禁猟自然保護区を作り始めたのだ。

アフリカの黒人たちは、彼らの国に白人が作ったプライベート・パラダイスのおかげで、多くの犠牲を強いられてきた。公園や保護区はいつも、先住民族の住む地域におくのが当たり前だった。白人が定住している場所には決して設置されることはなかった。ロブ・スーターはよどみなく、WWFの素晴らしい保護プロジェクトや黒人の「統合」についての講釈を続けた。私の心の目には、難民の長い列が映し出された。アフリカだけで、野生動物に場所を譲るために一四〇〇万人が強制的に移住させられた。彼らは「自然保護難民」と呼ばれる。

その頃までに、私の堪忍袋の緒は切れそうになっていた。ヨットハーバーやら緑の湿地のあるキラキラのレマン湖のほとりのおしゃべりにはもうウンザリだったので、私はロブの話の腰を折って彼を怒らせるような要求をした。「次回のパンダ・ボール〔訳注：ボールは舞踏会の意〕を映像におさめてもよろしいでしょうか?」スーターのひとりよがりの微笑みは崩れ、いびつな笑い顔に変わった。「それはできない。ゲストの皆さんのために、ご遠慮願おう」。

パンダ・ボールとは、ロンドンのバッキンガム宮殿など王室関係の施設で毎年行なわれるイベントだ。出席者は1001クラブのエリート会員に限られている。1001クラブとは、ある種のWWF秘密結社だ。ロブは表情をもとに戻し、その話題を軽くいなした。「そのクラブは、もはや何の重要性も持たない。

ただ、オランダの故ベルンハルト王配〔訳注：王配とは、女王の配偶者のこと〕に敬意を表して残しているだけだ。多額の金を集めているなどと思っている人もいるが、そんなことはない」。彼がそう言ったとたん、彼の目に不快感がひらめいた。おそらく、言ったそばからその発言を後悔したのだろう。

1001クラブは一九七一年、当時のWWFインターナショナル総裁、オランダ国王配ベルンハルトによって設立された。ドイツ生まれの彼は世界中から強力なビジネスマンをリクルートし、クラブの会員にしていった。その中には、ナチス親衛隊のエリート騎兵連隊時代や悪名高きIG《イーゲー》ファルベン〔訳注：第一次・第二次世界大戦中に毒ガスを製造したドイツの会社〕・パリ支社時代からの旧知の同士も少数ながら含まれていた。今日に至るまで、世界中から集められたWWF秘密クラブの「入会者」数は、きっかり一〇〇一人と決まっている。彼らはほとんどの場合、永世会員である。欠員が生じれば、それを埋めるために選り抜きの志願者から補充される。

ベルンハルト王配自身は、二〇〇四年に九十三歳で他界するまで会員第一号であり続けた。その他の一〇〇〇人がどんな者たちかは、つい最近まで秘密にされ続けていた。何年もかかって、ほんの数名の名前が外部に漏れた。ヘンリー・フォード〔訳注：ヘンリー・フォード二世：アメリカの自動車会社フォードの創業者の孫〕、バロン・フォン・ティッセン〔訳注：ハンス・ハインリヒ・ティッセン・ボルネミッサ：ドイツ人実業家、美術品収集家、一九五〇年にスイスに帰化〕、億万長者にしてムスリムの精神的指導者アガ・カーン王子〔訳注：もしくはアガ・ハーン、パキスタンの宗教家・政治家・実業家〕、ベルンハルト・グジメク教授〔訳注：第五章参照〕、アメリカ国防長官ロバート・マクナマラ、フィアットを支配するアニェッリ〔訳注：フィアットは自動車・航空機製造などさまざまな業種に携わるイタリアの大企業。その創業者ジョバンニ・アニェッリと同名の孫〕、そしてヨーロッパ諸国の王室のお歴々。金と血統と政治エリートの連合体だ。

1001クラブは、グランのレマン湖のほとりに建つWWFインターナショナルの総合事務局を維持するために、職員のサラリーを支払っている。その援助があればこそ、今や九〇団体もあるWWF各国支部の上に立って国際的リーダーシップを取ることができている。パンダ・ボールなどの用心深い会合は、この世界最大の自然保護団体の戦略的目標を議論するための絶好のチャンスともなっている。1001クラブは、WWFの秘密の命令機構では決してない。しかし、グローバル企業や政策を決定する権力者に絶大な影響力を及ぼす、OBネットワークであることは間違いない。

ロブ・スーターは、私がクラブの会員名簿を持っているかを知りたがった。持っていないと聞くと安心したようだった。そのとき私は、名簿を手に入れなければならないのだと知った。それはWWF内の神聖な場所への鍵になるのかもしれない。そして世界中の五〇〇万人ものWWF会員に対して、真実を見極める手立てを提供することにもなるだろう。会員たちはまだ、この組織で本当に糸を引いているのが誰なのか、そしてなぜそんなことをするのかをまったく知らない。もっとも、あのパンダが慈善の象徴だと思っている限り、その信頼はめったなことでは揺るがないのだが。

パンダの貯金箱

第三章　タイガー・サファリにて

グランを訪れて数週間後、私はロブ・スーターから思わぬeメールを受け取った。こちらは元気でやっている、ナミビアの馬の背の上で再会するのを楽しみにしている、という内容だった。だが彼はそのとき、そんなことをしていられないほど大忙しだった。WWFのイヤー・オブ・ザ・タイガーがクライマックスに近づいていたからだ。WWFの「トラ大使」レオナルド・ディカプリオが、サンクトペテルブルクのタイガー・サミットに出席することになっていた。現在も野生のトラが生息する七カ国の首脳が、残る四〇〇〇頭のトラを絶滅から救うためにサミットにやって来る。ウラジーミル・プーチンがこのイベントのホストだ。トラは彼の大好きな動物なんだそうだ。ロシア大統領はハリウッドスター・ディカプリオを、トラのような「本当のタフガイ」だと評した。

イヤー・オブ・ザ・タイガーはWWFにとって、良いところを見せるチャンスだった。レオナルド・ディカプリオを看板にした「セイブ・ザ・タイガー・ナウ」の広告を全世界に広め、国家元首たちを動かす。二〇一〇年十一月七日『ワシントンポスト』紙に、レオナルド・ディカプリオとカーター・S・ロバーツ

WWFタイガー・キャンペーン「絶滅する運命」

の署名入り記事が載った。見出しはこうだ。「トラを救えば、地球も救える」。トラが滅びれば、地球も終わりか。これはぜひとも協力しなけりゃね。

ボブ・スーターからの連絡を二カ月無駄に待ち続け、私は馬の背にまたがってライオンに会いに行く話は実現しないのではないかと疑うようになった。そこで私は、自力で取材旅行に乗り出すことに決めた。もちろんそのスタート地点は、インドのトラ生息地しかないだろう。

私たちは、ライプール〔訳注：インド、チャッティースガル州の州都〕からインド最古のトラ保護区へと北へ向かった。牧歌的な村々が点在する緑の肥沃な穀倉地帯を車で走った。ライプールというこの世の地獄のあとでは、この景色は神のお恵みだった。ライプールでは、道端のフタもしていないドブがめまいのするような悪臭を放ち、歩道にはゴミが山積みになり、そこで骨ばった牛が残飯をあさり、凶暴なバイクの往来が耳をつんざく騒音を立て、ドライバーは他の車や歩行者を威嚇しながら車を走らせていた。

十三歳にもならない女の子が、幼児を抱いて歩道に寝ていた。車道から数センチしか離れていないので、通りにあふれかえるオンボロのディーゼル車の黒い排ガスの雲の下で、その姿はほとんど見えなかった。生きていくための日々の戦いの中で、人々は無関心で冷酷になっている。インドの都市は、どこも汚物とゴミで窒息しかけている。二〇五〇年には、インドの人口は中国を抜くだろう。土地は貴重品だ。そのため、強欲な企業の長い腕がインドの国立公園にも深く伸びている。

埃っぽい道路を六時間走って、私たちは道路脇にWWFパンダのロゴのついた看板を見つけた。看板は「トラを救え」と私たちに訴えていた。私たちは、カーナ国立公園のバッファーゾーン〔訳注：緩衝地域：保護地域のコアゾーンに人間活動の影響が及ばないように保護地域の周縁に設置される。自然性を損なわない研究・教育やレクリエーションなどは行なっても良いことになっている〕に到着した。地元の村々の住民の多くは、かつてはその森で暮らしていた。政府が彼らを再定住させる前の話だ。どうやらトラと人間の「共存」は、あり得ないことだったようだ。WWFの新たなトラ保護区計画のせいで、インド全体で同じようなことが起きた。森に住むアディヴァシ〔訳注：インドの先住民族の総称〕の強制再定住だ。ときには軍隊を使うこともあった。

正面入り口を通り過ぎて数キロメートル進むと、鉄の門がある。私たちはその門を開けてもらい、シンジナワ・ジャングル・ロッジの建つ楽園へと車を乗り入れた。私たちの到着に気づいたワオキツネザルが木から木へ飛び移り、バンガローの屋根に飛び乗った。私たちはポストコロニアル風の軍服みたいなカーキ色のユニフォームに身を包んだ三人の「ボーイ」に迎えられた。豪華な「フル・イングリッシュ」ブレックファストが振る舞われた。ロッジには、私たちの他には旅行客は八人しかいなかった。アメリカとイギリスの金持ち年金生活者だ。私たちはすぐに彼らと打ち解けた。WWFのホームページを通じて、ナチュラル・ハビタート・アドヴェンチャラーズのツアーを予約した人たちだった。同社は「WWFの第一のトラベル・パートナー」であることを自負する旅行代理店だ。二週間のツアーはワイルド・インディアと呼ばれ、費用は二人部屋使用で一人あたり一万ドル。親切なロッジのオーナー、ナンダSJB ラーナによれば、すべての「冒険者」が野生のトラに最低でも一回は出会うことが保証されているために、こんなべらぼうな値札がついているという。

翌朝五時、私たちは出発した。屋根のないジープに乗り込むと、気温は三℃だった。約一時間後に私たち一行が公園に通じる正面入り口に到着するまでには、何人かの指が寒さで青白くなっていた。私たちは、順番待ちの車の長い列に加わった。一日にサファリ・ジープ一五五台までが入場を許されている。公園の周縁部だけでなく、トラが生息するコアゾーンにも入ることができる。タイガー・チェイスの始まりをワクワクしながら待つ。仕切りが上げられ、エンジン音を響かせてジープの隊列が前進した。国立公園全体に未舗装ながら幅広い道路網が整備されていることを知って、私は驚いた。ほうきを持った不機嫌そうな男たちが、道路脇に配置されている。ツアー客のために「タイガー・ハイウエイ」をお掃除しているのだ。清掃係はアディヴァシ。森に住む先住民だ。かつての誇り高きジャングルの主は、エコ・ツーリズム産業の下働きにされていた。

政府統計によれば、私たちが訪れた時点で、この公園内には約一〇〇頭のトラが生息しているということだった。だが私たちを案内したレンジャーが、そんな数字は完全にプロパガンダだと言った。彼は、せいぜい五〇頭だと言う。インドのトラについての、最初の算数の授業だ。

この探検旅行で、私たちはサルや、この上なく美しい鳥を何度も見た。ガウル、別名インディアン・バイソンも数頭見た。インディアン・バイソンとは、数トンもある巨大な灰色の野生のウシで、現存するウシ科の動物では世界最大だ。レンジャーは、何か動物を見つけるたびにブレーキを勢いよく踏む。写真撮影のために数秒間だけ停車すると、またハンティングが再開する。だがエコ・ツーリストたちは、バイソンやサルなどどうでもいい。トラを見るために大金を払ったのだ。トラがどんな風にして木にテリトリーのマーキングをするか、レンジャーが教えてくれた。堅い木の幹の地上三メートルのあたりに爪で深く溝を掘り、野獣の力強さを鮮やかに印象づける。野生の状態なら、大人のオス一頭につき四〇平方キロメートルのテリトリーを主張する。次の十字路で、私たちはトラ捜索の騎馬隊に出くわした。いや、本当はゾウに乗ったパーク・レンジャー隊だけど。彼らはトランシーバーを装備して何時間もパトロールしていたが、目印さえ見つかっていなかった。もし私がトラで、こんな恐ろしい騒音を聞いたなら、ヤブの中に逃げ込んでしまうだろう。

森の中を三時間クルージングしたあと、といってもそのうち三十分ほどは狭いタイガー・ハイウエイでの交通渋滞で足止めを食っていたのだが、ツアー客は全員、朝食をとるための場所に集められた。レンジャーたちは食料の入ったバスケットをおろし、ジープのボンネットにリネンのテーブルクロスをかけた上に朝食を並べた。トースト、ハム、ゆで卵、紅茶にコーヒー。それぞれジープ隊の面々は、狩猟用語を使って自分の発見を披露し合った。ある女性は、走るトラのシッポを見たと言い張った。

現在、動物保護区になっている草原は、かつてアディヴァシの居住地だった。今では彼らの村も文化も、失われてしまった。旅行者は誰もそのことを疑問に思わない。たぶん、政府の再定住スキームが良いことだと思っているのだろう。WWFは強制的な再定住を表立って支持してはいないが、何年もの間、一般の人々はWWFによって次のような考え方を刷り込まれてきた。何世紀もの間、人間は野生動物から生息地を奪ってきた。今度は人間がすみかを奪われる番だ。

突然、一人のレンジャーが叫んだ。「ここからそう遠くない場所でトラが見つかった」。皆、ジープに駆け戻った。エンジンをかけ、私たちは再び出発した。トラが見つかったとされる場所にジープが停車した。一匹のサルが、トラに対する警戒音を発していた。シカが茂みの中を走り去る。そいつらを追いかけているヤツがいた。――イノシシだ。チェッ、トラじゃなかった。ジャングルロッジで昼食のための短い休憩をとったあと、私たちはトラの生息地に戻った。こいつは時間との競争だ。公園は午後六時に閉まってしまう。二日目、タイガー・チェイスにはもうウンザリだったので、私たちはホテルのプールサイドで過ごすことにした。サファリ・ツアーの他の客たちは、私たちを意気地なしと白い目で見た。しかしその家の女主人ラティカ・ナート・ラーナは、私たちの決心に感謝の意を表してくれた。

狩る者と狩られるもの

ラティカ・ナート・ラーナ博士は、オックスフォード大学でPhDを取得したトラの研究者である。彼女はこの分野初の女性として、インド人研究者の中でもかなり高いポジションにいた。朝食の席で、彼女は科学者仲間たちに我慢がならないと打ち明けた。「私たちはすでに、トラについて知るべきことはすべて知っています。トラたちはただ放っておくのが良いんです」。彼女はWWFのタイガー・キャンペーンにも不満を抱いていた。「キャンペーンのせいで、トラの専門家がこの国にどんどんやって来て、トラたちを窮地に追い込んできました」。彼らはあちこちにカメラ・トラップ〔訳注：野生生物を自動撮影するためのカメラ〕をセットし、トラを麻酔銃で打って首にＧＰＳ探査装置をぶら下げる。ＷＷＦはトラの保護地域をさらに増やすために、移動パターンやトラの生息数に関するデータを集めている。だがラーナ博士は納得できない。「すべて余計なことです。調査には少しも役立ちません。その背後にある目的は一つ。それは、お金を使わなければならないということです」。私は彼女に、国立公園に至る道路に看板が並んでいることについて訪ねてみた。彼女は笑ってこう言った。「彼らは宣伝が上手なんですよ。でもここで行なわれたＷＷＦプロジェクトで本当に役に立ったものを、まだ見たことがありません」。

ラティィカ・ナート・ラーナ博士はＷＷＦインドの予算を綿密に調べ、その結果、海外からＷＷＦに送られた寄付金の大部分は現地の保全プロジェクトに支出されていないことをつきとめた。「ＷＷＦが政府機関に支払った資金のほとんどは、最終的に役人のポケットへと消えていってるんです」。私の当惑した表情を見て、彼女はこう付け加えた。「これはインドでは珍しいことじゃないんです。もしその寄付金が本当にトラ保護区のために使われていたなら、トラ一頭につき四人も飼育係が雇えるし、三九カ所すべての保護区の周りに防護壁が築けるし、さらにすべてのトラが生命保険に入れます」。彼女は、このトラ騒ぎとは距離をおいており、今はバッファーゾーンに住む村民たちとの作業にエネルギーを注いでいると言った。「村の人たちを味方につければ、トラは救えるんです」。

ラィテカ・ナート・ラーナ博士によれば、これまで何度も「タイガー・マフィア」が保護区の周縁区域でトラ殺しを請け負う村民を探しに来たという。雇われハンターは、ほんの数ルピーを支払われてその面倒な仕事を引き受ける。野生のトラから作られる製品が国際市場でいくらの価値があるか、彼らはまったく知らない。ニューヨークのチャイナタウンで男性の強精剤として売られるトラ骨粉の値段は、ヘロインを上回る。

その夜、ラーナ博士の夫ナンダは長いディナーテーブルを囲む私たちに、なぜトラの抽出物が性的能力を高めるとアジアで広く信じられているのか、説明してくれた。「トラの交尾はなかなかすごいんですよ。終わるまで何日もかかるんです。世界記録保持者のトラのつがいがいるんですが、たった一日のうちに一一三回も交尾したんです」。仕事で上海にいつも行っているアリゾナのジャックは、中国に立派なトラ飼育場がいくつもできていると言った。ナンダは首を振ってこう言った。「インドのトラにとっては、大した助けにはなりません。中国では、野生のトラのものの方がずっと効くと思われていますから」。

セックス談義の間、私の隣でずっと黙っていたマギーは、その日体験した喜びに静かに浸っていた。午後の探検で、彼女のジープは本物の生きたトラに遭遇したのだ。トラは遠くにいたので細かいことは思い出せなかった。もっとよく見ようと他のジープが何台も割り込んで来たので、彼女はがっかりした。だがマギーは今、ワイルド・インディア・ツアーの一万ドルのもとは取れたと感じていた。「だって」彼女は確信に満ちた声でこう言った。「私たちは野生のトラを見られる最後の世代じゃない。私たちの孫には、たぶんこんなチャンスはないでしょう」。WWFの絶望的な予測などどこ吹く風、マギーは自分の体験だけで十分に満足してしまっていた。しかし、それのどこが自然保護なんだ?

夕食のあとナンダ・ラーナは私たちを書庫に案内し、とっておきの物を見せてくれた。それはトラ狩り絶頂期の大きな白黒写真だった。「この写真はウインザー家（訳注：ジョージ五世の子孫。一九一七年から現在までのイギリス王室〕からわが家へのプレゼントです」。そこで私は、ラーナ氏がネパール王室の子孫だと知った。「ずっと昔に」イギリスの植民地支配者が訪れた際、ネパール王室がトラ狩りをコーディネートしたのだそうだ。彼は、輪になって立っているゾウの一群の写真を見せてくれた。「ジョージ王が到着する前に、国中から一〇〇〇頭のゾウがかき集められました。ゾウはトラを追い立てて一カ所に囲い込むのに使われたんです。この狩りで一二〇頭のトラがしとめられました。たった一日でね。スポーツマンシップにもとるスポーツですよ」。次の写真は、物干しのハンドタオルみたいに吊るして干されている、何十頭分ものトラの生皮だった。

WWF創設の父であるエジンバラ公フィリップ王配〔訳注：イギリスのエリザベス女王の夫〕がトラ狩りの積極的な参加者だったのかどうかを尋ねると、彼はちょっと疑うような目で私を見たが、意を決して如才なくこう答えた。「彼は何度か来ましたよ。でも私の知る限り、彼は銃を撃たなかった。彼は自然保護主義者ですからね。引き金を引く指をくじいたと言い訳してましたよ」。

だが当時のマスコミ報道では少し違う話が伝えられている。一九六一年一月、エリザベス二世女王とその配偶者はインドを公式訪問し、トラ狩りをしにランザンボア〔訳注：一九五五年にサワーイー・マードープル動物保護区として指定された北インド、ラージャスターン州の地名。現在はランザンボア国立公園となっている〕を訪れた。彼らの訪問に際し、トラのエサとして数十匹の生きたヤギを木につないでおき、君主が銃を構えている場所に向かって勢子《せこ》〔訳注：射手へと獲物を追い込む者〕がトラを追い立てた。しかし女王の視界にトラが入るや否や、彼女はライフルを横におき、代わりにカメラを手にした。殺戮はフィリップ王配に任せたのだった。その後まもなく、狩猟団の写真はイギリス中にばらまかれた。地面に死んだトラが

インタビューに答えるフィリップ王配　2011年

伸びていて、そのうしろに狩猟団のホストたちとロイヤルカップルが写っていた。

この狩猟旅行からほぼ五十年後、私たちはバッキンガム宮殿でフィリップ王配のインタビューに成功した。彼は私たちの質問に対し、カメラに向かって自分の罪を男らしくこう告白した。「私は、大掛かりな狩りに参加したことはない。絶対に。インドでのこの一回を除いてね。私は生涯で一頭だけトラを撃った。それきりだよ。野生生物の適正な数を保つための唯一の方法は、きちんとバランスを維持することだ。私たちは常に自然に介入しているのだから、ただ自然のままにしておけば良いというものではない。それから捕食者から遠ざけて保護すること。そうでなければ、うまくいかないよ」。

しかし五十年前当時は、面倒な問題が持ち上がっていた。死んだトラの写真がイギリス人の義憤の嵐を巻き起こしたのだ。まったく間が悪かった。一九六一年春、フィリップ王配とその仲間たちは、WWFの誕生を世界に向けて誇り高く宣言する準備をしているところだった。フィリップ王配にとっては、トラの死骸と一緒に写真におさまるなど、まったくイメージダウンだった。もっとも彼の見解では、狩猟と動物保護は車の両輪のようなものだ。彼の哲学によれば、優れた自然保護主義者はハンターだけだ。アフリカとアジアのほとんどの国立公園は、欧米の白人エリートのための私的な狩猟用動物保護区としてスタートした。一九〇〇年、インドにはまだ四万頭のトラがいた。ウインザー家やその上流階級仲間が「保護」のためにむやみに銃をぶっぱなし、植民地時代が終わる頃にはインドのトラはわずか五〇〇〇頭にまで数を減らした。

タイガー・ウーマン

深夜、夜行性の野生動物たちは獲物に奇襲を仕掛ける。ヴァスーダ・チャクラヴァルティが私の前を歩く。彼女の家はほんの数百メートル先だが、それでも私は森に響く獣たちのざわめきに恐れおののいていた。彼女は私を笑い、武器がわりの大きな棒きれを手に月明かりの中、快活にポニーテールを揺らしながら足を踏み鳴らして進んで行った。彼女は、この四年間、ずっとジャングルで暮らしている。彼女は野生動物を恐れない。「みんな私のこと知ってるし、私が友だちだってわかってるから」。でも私のことは知らないじゃないか！　家に到着する寸前、彼女は足を止め、じっと立ったまま懐中電灯で茂みを照らした。「ヒョウ。すごく近いですよ」。私は、ヒョウが人間を食べるかと尋ねた。「いえ、人間はヒョウのエサにはなりません。ただ殺すために人間を殺すことはあるけど」。なんと安心だこと。ヴァスーダは、シーっと言ってヒョウを追い払った。私たちは彼女の家に入り、ようやく安全になった。彼女は辺境に憧れたアイルランド人夫婦が百六十年前に建てた小屋に暮らしている。正面のドアの上には、古い看板がまだかかったままになっていた。「ハンティング・ロッジ」。インド南部のムドゥマライ・トラ保護区のはずれに建

獲物と共にカメラにおさまるエリザベス二世（中央の左の女性）とフィリップ王配（一番左） 1961 年

つこの家を、ヴァスーダは自力で修繕した。

ウィルダネスの中での生活を選択する以前、ヴァスーダはロンドンのHSBC〔訳注：第七章参照〕の高給取りだった。「面白かったけど、あるときビジネスウーマンとしての生活は幸せじゃないって気づいたんです。何か自分らしくない気がして」。ヴァスーダの夫は野生への情熱を彼女と共有できず、結局別れてしまった。

毎朝ヴァスーダは迷彩服に身を包み、カメラを持ってトラ探索へと出発する。たった一人で武器も持たずに。これまで探索中に、七回トラに出くわしたことがあると彼女は言った。怖かったことは一度もない。「シカを殺したばかりのメスのトラと出会ったことがあります。彼女とは数メートルしか離れていなくて、私は写真を撮り始めました。彼女は私の方を見ていたけど、やがて静かに立ち去って行きました。私たちは四十分間顔を見合わせていました。いつでも私を殺せたけど、殺さないとわかっていました。彼女との間に、静かな調和がありました」。ヴァスーダは自分のラップトップに入っているトラの写真を見せてくれた。どの写真も発表したことはない。「トラたちのために、それはできなかった。発表すれば、金持ちの国からもっと大勢の人がトラを見に来るでしょ」。

木製ブラインドの隙間から差し込む太陽の光で、翌朝目覚めた。すでに隣人のアントニーが、ヴァスーダの家の様子を見にやって来ていた。彼は三キロメートル先に住んでいる。彼の十歳の娘、プリーティを連れて来ていた。アントニーは、ヴァスーダの家の井戸から台所に通じる水道管の修理に取り掛かった。夜中にゾウが来訪し、踏み潰してしまったのだそうだ。

ヴァスーダは小さな友人プリーティを「トラ探索がとても上手な子」と紹介した。プリーティはよく一緒にパトロールして、トラの通ったあとを探す手伝いをする。彼女はトラの生息地を通って学校まで七キロメートルの道のりを毎日歩いているため、この森の地理に明るいのだった。最近も、一頭のトラに出くわしたという。「こーんなに大きな頭だったよ」。彼女はその事件を誇らしげに語り、両腕を広げられるだけ広げてみせた。怖くなかった？　プリーティは面白そうに私を見た。「ぜんぜん。何が怖いの？」彼女はこれまで一度だけ、動物と格闘したことがある。学校からの帰り道、巨大なコブラが襲ってきたのだそうだ。「棒で死ぬほど叩いてやった」。

そのとき、ヴァスーダとプリーティはあるアイディアを思いついた。明日、一緒にトラの探索に行こう。

プリーティ　トラの生息地にて

プリーティが、数キロメートル先でサンバー〔訳注：シカの一種〕の死骸を見たという。トラの獲物の残骸に違いない。あと二、三日は食べられるから、トラはまだ獲物の近くにいるだろう。この申し出は魅力的だった。だが白状すると私は怖かった。二人は、トラの神様にかけて私に何も起こらないと請け合ってくれた。トラは人間の血が嫌いだからだ。だが私は言い張った。人食いトラは確かにいるんだ！「いますね」。ヴァスーダは言った。「でも、人食いトラはとても珍しいんですよ。普通は人間に脅かされたときか、年老いて弱くなって他の獲物を狙えない場合しか、人間を殺しません」。

私は、この親切な申し出を丁重にお断りした。老いぼれたトラのランチにされるかもしれないなんて、いささかゾッとする話だ。だが私は、恐れを知らないタイガー・デュオをがっかりさせてしまった。しょせん私も臆病者だ。世界中から大挙してやって来る自称「トラの専門家」の皆さんと変わりない。「みんな、部屋でじっとしていてくれればいいのに、と思います」。彼らはトラを恐れて、武装レンジャーに守られた安全な車でジャングルに入って来る。それが動物たちの日常をぶち壊すことになる。ヴァスーダの怒りは私に向けられた。「どうしてみんな、森に住む人たちに森を預けたままにしてくれないの？　あなたたちは保護区のコアゾーンにジープで入って来られるほどのお金と権力を持っている。ツアー客のジープとの接触事故で、沢山の野生動物が死んでいるんです。エコ・ツーリズムのせいで、どれだけ騒音被害があるか想像できますか？　追加料金を払うと、レンジャーたちはジープを動物のすぐそばまで寄せて、動物をジープに体当たりさせます。ただスリルを味わうために、そんなことをするんですよ。ここのゾウはとてもおとなしかったのに、今ではひどく神経質になって、人間を襲う事故がどんどん増えています。つい昨日も、近くの村の人が二人もゾウに殺されました。これはみんな、西洋のトラ騒ぎのせいです。あなたたちのお金なんかいらないの。ただ、トラたちを放っておいてください。そうすれば、まだチャンスはあるかもしれない」。

ウルラシュ・クマール

植民地時代が終わりに近づいた頃、イギリス人はインドとネパールに最初の動物保護区を設立した。彼らが去ったあとWWFがトラの保護業務の実権を握り、一九七二年に「オペレーション・タイガー」キャンペーンが始動した。WWFはインディラ・ガンジー政権下のインドを説き伏せて、人間に邪魔されずにトラが生息できる保護区を作らせた。現地政府は森に住む部族を強制的に立ち退かせた。その結果、一〇〇万人近くが住む場所を失った。だがトラの数は減り続けた。政府のデータによれば、現在インドに残っているトラは約一七〇〇頭にすぎない。一体何か起こったのか？　自然保護をライフワークとする一人の

ウルラシュ・クマール（左）

男が、この疑問をずっと抱き続けていた。彼は子どもの頃から、絶滅の危機に瀕するインドのトラやゾウやサイを守りたいと望んでいた。
ウルラシュ・クマールは、インド南部カルナータカ州の州都バンガロールの大都会に暮らしている。このやさしい面立ちのジェントルマンは、自分を「ワイルドライファー〔訳注：wildlifer〕」で「エコ・アクティビスト」と称する。私はインターネットで彼を知った。彼がオンラインで発表している記事の明晰さと精密さに驚いた。著者が理論だけのエコロジストでなく、本当にジャングルを知り抜いていることは明白だった。私は彼にeメールでコンタクトをとった。私と差し向かいになってウルラシュが最初に語り出したのは、私の予想に反して彼がWWFを深く愛していたという話だった。

学生時代、ウラルシュはWWFユース・クラブの会員で、生まれ故郷のニルギリ〔訳注：インド南東部、タミル・ナドゥ州の丘陵地帯〕の森へよく探索に出かけた。若き自然保護活動家たちはそこで、動植物の見分け方を学んだ。「その教育をしてくれたWWFにはとても感謝しています。大学卒業後、私はニルギリ野生生物協会の事務局長になりました。WWFとまったく同じ考え方で活動している団体です。私たちは、トラ保護区の拡大に向けて戦いました。あるアディヴァシの部族がトラのテリトリー内で生活していて、彼らを再定住させる計画がありました。彼らが出て行くべきなのは当然だし、そうすれば彼らも幸せになると真剣に信じていました。ペットが野生生物にやられる心配もなくなるし、子どもたちを学校にやることもできる。そして森で果物を集めたりゴムの木の樹液を採ったりするより、良い仕事に就ける、と。

驚いたことに、彼らは森にとどまる権利を主張して戦い、裁判沙汰にまでなったのです。この人たちが何を考え、何を感じているのかを知りたいと思いました。そこで彼らを訪ねることにしました。それが私の中の大きな変化の始まりです。今では西洋の環境保護モデルを断固として拒絶するまでになりました。しかしWWFは依然としてエリート的自然保護を追い求めています。未だに、先住民族のことをまったく理解していないのです」。

ウルラシュ・クマールはインドの自然保護ネットワークに所属し、森の先住民族と協力して活動している。「先住民族だけが、トラなどの絶滅寸前の動物たちを救うことができる。彼らだけが私たちの希望です」。インドの知識人のほとんどは、アディヴァシとコンタクトをとらない。アディヴァシはインドの伝統的カースト制度で最低に位置する「アンタッチャブル〔訳注：不可触賤民〕」だ。斑点模様を変えられないヒョウのことわざ〔訳注：ヒョウはその斑点を変えることができない、三つ子の魂百までの意〕のように、熱心な活動家でも古いシステムを破るのは困難なようだ。

人間のいないジャングルという教義の下、既存の保護区の拡大と新保護区の設置に道を開くため、最大で一〇〇万人のアディヴァシがまたもや再定住させられることになった。今、多くの部族が新たな立ち退きの波に抵抗している。ウルラシュ・クマールは、彼らが提示された補償金につられて森から離れるとは思っていない。「ある部族は森を手放す補償金として約一〇〇万ルピーを受け取ります。約八万ドルです。こんなものはすぐに使いきってしまう。第一どこに住めっていうんですか？　どうやって生活しろと？そんな金、誰も望んでいない。大都会のスラムで路頭に迷うだけだ」。

ナガールホール国立公園へ車で向かう道中、ウルラシュ・クマールはアディヴァシがサンスクリット語で「初めの住人」という意味だと教えてくれた。要するに先住民ということだ。そして実際、インドの森林に暮らす彼らは、今日支配的になっている民族グループよりもずっと前からそこにいた。この数十年間、国民の大多数がアディヴァシの権利を完全に無視してきた。現在インドで反政府活動を行なっているマオイスト〔訳注：インドマオイズム共産党。国家権力に武力で抵抗する一大勢力〕ゲリラに共鳴する部族があっても、何の不思議もない。私たちはマイソール〔訳注：インド南部カルナータカ州の都市〕で車を止め、『インディアン・タイムズ』紙を買った。「WWF職員六名誘拐される」という見出しの記事が載っていた。アッサム〔訳注：インド北東部の州〕のジャングルでトラの個体数調査をしていたWWF職員が、ボド族〔訳注：インドのアッサムとバングラデシュのチベット・ビルマ語系種族の総称〕の反乱分子に捕えられたのだった。人質を解放するため軍が特殊部隊をジャングルに向かわせた。インドの日常風景だ。私たちが向かおうとしていた地域では、ナクサライト〔訳注：少数民族の自治や低カースト層の利益擁護を訴え武装闘争を行なうグループの総称。そのうちの二大勢力がインドマオイズム共産党を結成した〕・マオイストが繰り返し警察や森林局事務所を襲っていた。

ハニー・ハンターを訪ねて

六時間のドライブの末、私たちはナガールホール国立公園に到着した。サルたちが優雅に飛び跳ねながら道路を横切っていった。ここでもゾウに出くわした。夕闇の薄暗がりの中で、ヤブに潜むヒョウの光る目が私たちを射抜いた。ハチミツを採集する部族の集落が見えてきた。村の入口の手前に、大きな標識が立っていた。「駐停車禁止」。だが私たちは、公園管理者から特別入場許可証を交付されている。村民の半数ほどが私たちを出迎えてくれた。歓迎の一行を先導しているのは、部族の女族長ムタンマ。白く長いサリーに身を包んだ色の浅黒い美人だ。彼女は単刀直入にこう言った。「十年前、私たちは最初の再定住をしました。それでここに住んだのです。国立公園のバッファーゾーンです。今、政府はトラの保護地域を広げていて、私たちは再び移住させられることになっています。政府は私たちをモノのように扱います。でも私たちは一歩も動きません。森から追い出したければ、私たちを殺すしかありません」。

私たちがここを訪れたとき、この地域の三〇村が移住することになっていた。総勢一万五〇〇〇人にもなる。ムタンマは他の村と連絡を取り、レジスタンスを組織した。「トラとは何世紀も共存してきました。私たちはトラを殺さないし、トラも私たちを殺さない。私たちはトラを神として崇めています。森の中に

ムタンマ族長

トラ用の供物台があります。都会から来た自然保護団体は森のことをわかっていない。私たちが生きている限り、トラも安全です。私たちがいなくなれば、伐採業者や密猟者が好き勝手に振る舞うでしょう」。

ムタンマによれば、ナガールホール国立公園で行なわれた最初の再定住は、野生動物のためではなかった。利益はすべて、大都市のビジネスマンのものだった。政府が先住民族を森林から強制移住させたわずか数年後、公園内のいくつかのエリアが州政府によって商業林に変えられた。かつてアディヴァシ四〇村の生活の場であったナガールホール国立公園は、ユーカリやチーク材のプランテーションに占拠された。インド全域で、木材会社、建設会社、工場が国立公園に入り込み、森の息の根を止めている。ほとんどの場合、アディヴァシの土地の収用は企業による森林乗っ取りの第一歩にすぎない。

それでもWWFインドは、インド中のアディヴァシに対し間接的な圧力をかけ続けた。一九八〇年代に再定住政策をズルズルと延期していたインド政府に対し、WWFは不満を抱くようになった。延期の理由は無関心もあったが、さらなる衝突を避けたかったからでもあっただろう。WWFインドは訴えを起こし、州政府は再定住に合意したアディヴァシを一年以内に移住させよという高等裁判所の決定が一九九七年八月に下された。[原注1]WWFはこの決定を自然保護運動の歴史的勝利と捉えた。しかしこの決定は、数百万人の森林生活者の心に恐れを植え付けた。自分たちもやがて、先祖伝来のすみかから荷物をまとめて出て行かなくてはならないのではないか。留まることを許されても、狩りや漁や野生の果物の採集といった伝統的な経済活動を捨てなければならないだろう、と。

グリーンピース・インド総裁アシシュ・コタリは、WWFが成し遂げたこの法的決定を「自殺行為」だと言った。この裁定の結果、インド中で反乱やレジスタンスの嵐が吹き荒れた。コタリに言わせれば、「そんな状況で野生生物が保護できると信じる環境保護活動家は、愚者の楽園に住む者だ」[原注2]。この頃からアディヴァシは、環境保護団体を天敵と見なすようになった。人権擁護団体エクタ・パリシャドは、首都ニューデリーでアディヴァシ三万人のデモを組織した。グループに属さない者の暴力的レジスタンスもあった。自暴自棄になったいくつかの部族が、トラに毒を盛るという強行手段に出た。トラがいなければ、立ち退きもない。それは彼らの最後の希望だった。再定住政策は国中に暴力と混沌を引き起こした。

土地収用に対するアディヴァシのレジスタンスがあまりに激しかったため、二〇〇六年十二月、ようやくインド議会は森林権利法を可決した。先住民族の土地の権利が初めて法律で定められたのだ。同法でアディヴァシ一人あたり二・五ヘクタールの森林使用権が認められた。再定住は自発的な場合に限られる。この法律に対して、環境保護団体と森林行政府は猛烈な抵抗と法的反撃を開始した。森林管理の日々の業務で、この決定はしばしば無視された。不法収用は依然として行なわれている。しかし少なくともアディヴァシなどの森林生活者は、今は法廷で権利を主張する法的根拠を持っている。国連も力を貸した。二〇〇七年九月、ニューヨークの国連総会は、「先住民族の権利に関する国際連合宣言」を採択した。

WWFもまた、嬉しそうに「諸原則に関する宣言」を発表した。その中で、環境保護団体と先住民族は「健全なナチュラル・ワールドを勝ち取るために」「天然の同盟〔訳注：natural allies：天敵〔natural enemy〕に対する造語と思われる〕」であるべきだと述べている。このWWF文書は、先住民族が「しばしば自然の世話係であり保護役だった」と、ちゃんと認識している。だがこのお上品な宣言文とは裏腹に、WWFインドは再定住政策に固執し続けた。法律が「自発的な場合にのみ」と規定しているにもかかわらず。

ムタンマは笑うしかなかった。彼女の部族の「自発的な」再定住を促すために、森林行政府は一九九〇年代に補償として割り当てた森林の利用を禁じた。「そこではもう、生きるために必要な家畜の飼育やハチミツの採集は許されません」。森林行政府はWWFと同じことを言う。先住民族の商業行為は森林の「手つかずの」状態を損なう、と。では、ムタンマの部族はどうやって生きてきたのか？　「毎日、私たちはトラックに乗せられ、コーヒープランテーションに連れて行かれます。一日一二〇ルピー（二・七五ドル）で働かなければなりません。他の労働者の賃金の半分です。私たちは従わざるを得ない。さもなければ飢え死にです。そうやって、こちらの士気を失わせようとしているのです」。

土地収奪

森林の利用を禁じられたことで、アディヴァシの共有地はじわじわと失なわれ、最終的に彼らの文化は完全に消滅した。この措置によって大量の安い労働力が、両手を広げて待ち受けるプランテーション経済へと送り込まれた。労働力が増えれば、プランテーションはさらに広い土地を要求する。実際問題、「自発的な」再定住は、旧来の政府の立ち退き政策が、羊の皮をかぶっているだけだ。WWFの「諸原則に関する宣言」は、集会やシンポジウムやホームページでは好評を博している。だがそれは張子の虎にすぎない。現地ではトラの生息地に向かって鋭い歯を剥きだしている。

ハニー・ハンターの村に話を戻そう。いつのまにか、ほぼすべての住民が私たちを囲んで輪になっていた。女性たちが自信に満ち、気兼ねなく率直に話し合いに参加していることに私は気づいた。輪の中の男性の何人かは赤ん坊を抱いている。古臭い性役割など、ここにはない。二千五百年前、ブッダがインド中を旅してアディヴァシの文化に出会ったとき、彼もまたアディヴァシの平等な生き方に深く感銘を受けている。アディヴァシは、自給自足・ヒューマニズム・民主的社会という彼の理想のモデルとなった。人間は地球上でこのように生きていくべきだ。お金もなく、物欲もない。この古代文化の多くの要素は今日も損なわれていない。だがアディヴァシは、消費文明の誘惑に対して免疫もない。携帯電話のベルで森の静けさが突然打ち破られたとき、私はそのことを思い知った。ムタンマは恥ずかしそうに笑って、サリーの折り目から携帯電話を取り出した。皆、笑った。

バスカランと名乗る年老いた男性が話し始めた。インドのトラ研究家K・ウルラシュ・カラント博士に雇われて、トラを探索したことがあるという。「私たちには、トラがどこにいるかもわかるし、トラが残す足跡などを見分けることもできる。博士はトラの動きをモニタリングするために、電子探査装置のついた首輪をトラにはめようとしていた。そのためにはまず、麻酔銃でおとなしくさせなくてはならない。トラを恐れるあまり、研究者たちは麻酔薬を多めに打ってしまう。そうするとトラは心臓発作で死ぬ。私はこの目で見た。一五頭がそうやって死んだが、そいつらも生息数調査で数に入れられた。探査装置をつけられたトラは森にそのまま放置され、探査装置はその場所から信号を送り続けた。トラはもう死んでいるというのに」。

トラ研究家が原因で死んだトラがいると、WWFが気づいているかどうかは定かではない。だが西洋から寄付を送る一般の人たちの耳に、こんな話がまったく届かなかったのは確かだ。WWFはカメラ・トラップや高額な探査装置のために資金が必要だと言い続けているが、その科学的な価値については疑問が残る。WWFは「苦境のトラ〔訳注：Tigers in Trouble〕」と題する資金集めキャンペーンで、一口八〇ドルの寄付を募った。「このお金でカメラ・トラップが設置できます。この装置は、トラがどこに生息しているかを映像で知らせてくれます。この情報は大変重要です。この情報をもとに新しい保護地域をどこに作れば良いかを判断するのです[原注3]」。

「不必要です」とウルラシュ・クマールは言った。「森にトラが生息していれば、地元の村民が教えてくれるでしょう」。トラは間違いようのないサインを残し、テリトリーをマーキングする。タイガー・キャンペーンはトラの保護には役に立たないが、インドにとってはビッグビジネスだとウルラシュ・クマールにはわかっている。公務員、トラの専門家、政治家。それで潤う者が沢山いる。中央政府でトラの生息登録数が多くなるほど、国家予算から多くの金が引き出せる。資金の出どころは数々の国際組織だ。

つまりトラの保護政策は、腐敗した巨大な森林行政を食わせていることになる。ウルラシュ・クマールは、タミル・ナドゥ州のＫＭＴＲ〔訳注：ムンダンサーライ・トラ保護区〕の話をした。ＫＭＴＲは「絶滅の危機に瀕するトラの生息地」に指定されたが、「その地域にはトラは一頭も生き残っていない。最後の一頭を地元の森の住民が見たのは、四十年も前です」。ウルラシュ・クマールによれば、自然保護は「金と土地に近づく口実」として利用されている。森林行政府は国立公園の「トータル・コントロール」がしたいのだ。「地元民は彼らの計画の邪魔なんです」。

ウルラシュ・クマールは森林官僚の腐敗について、いくらでも例をあげることができる。違法な伐採許可を与えて賄賂を受け取る、大都市の金持ちビジネスマンや政治家が国立公園のバッファーゾーンに豪華な邸宅を立てるための特別建設許可を与えて賄賂を受け取る。インドの新聞は年がら年中、公園行政の役人が密猟行為に関与し、保護するはずのトラを違法に売って金を得ていた、などと報じている。

ウルラシュ・クマールは、ＷＷＦがインドのトラ政策の闇の部分に関与していると確信している。「アディヴァシの再定住につながるようにインドのトラ政策を立案しているのは、ＷＷＦです。彼らはエコ・ツーリズムをサポートし、トラなどの動物に害を与えている。私の友人にもＷＷＦと共同で仕事をする者が沢山います。もしあなたがインドで働きたいと思う生物学者なら、ＷＷＦを避けて通れない。私の経験から言うと、ＷＷＦは良いこともしているが、悪い行ないが良い行ないを凌駕している。ＷＷＦには隠れたアジェンダがある。私が最も懸念するのは、ＷＷＦが企業にタイガー・キャンペーンの資金を出させている点だ。そんなことをしているとＷＷＦは権力の手先になってしまう。それでは森に住む人たちにもトラにも、何の実質的な利益ももたらさない。残念ながら企業の本当の目的は、この先ずっと国立公園を利用して土地を手に入れることなのです」。

事実、国立公園の成り立ちは、土地収用と似通っている場合が多い。公園は野生動物の安全な避難所というだけではなく、多くの価値ある天然資源を守るための場所だ。土地収用プロセスの第一歩は、先住民族から土地の所有権を奪うことだ。彼らは先祖代々、共有地として所有してきた土地を失い、その土地は商業的な品物となる。一般に、国立公園は公共物である。だが森林資源の商業利用による利益は、民間企業とＮＧＯのものだ。

旅行代理店はエコ・ツーリズムで手っ取り早く金儲けし、薬品や食品の多国籍企業は遺伝子の宝庫である太古の森から資源を略奪するのに忙しい。彼らは生物種が絶滅する前に、データを集めて応用しようとしている。森林の天然資源の遺伝子使用権の交渉テーブルには、たいていＷＷＦがいる。ＷＷＦは先住民族と利益を分け合うと言いながら、本当の目的は彼らを世界経済に組み入れることだ。

保護区のコアゾーンから先住民族を追い出せば、森林の周縁部の鉱山や農地に安い労働力が供給される。ツアー産業に職を得る先住民は、ほんのわずかだ。世界中のほとんどの自然保護難民は、ムタンマたちと同じ運命をたどる。世界中に残る森林のはずれに次々と作られるプランテーションで、現代の奴隷として働かされるのである。グローバル・キャピタリズムは、南半球の森林地帯をどんどん切り崩している。しばしば自然保護の名の下に。

その夜、私たちはハニー・ハンターたちに別れを告げた。ムタンマとは今生の別れとなった。この訪問の数カ月後、ウルラシュ・クマールが悲しいニュースを知らせてきた。あの理知的なアディヴァシのカリスマ・リーダーが、腎不全で亡くなったそうだ。

第四章　くさい仲

一九八〇年代、ＷＷＦは世界中で愛される大型動物を守るだけではダメだと心に決め、現代の根源的な悪から自然を守るエコロジカルな新路線へと宗旨がえした〔訳注：一九八六年、ＷＷＦは世界野生生物基金から世界自然保護基金に名称を変更している〕。ＷＷＦ創立二十周年を祝うスピーチで、設立者マックス・ニコルソンは、立ち向かうべき相手をきっぱりとこう定義した。「敵は強大である。情け知らずな有害技術開発。世界のエネルギー資源の安易な浪費。そして狂ったウサギのような無分別な人口増加。この三つの巨大な悪漢と誰かが戦わなければならないというのは嘆かわしい事実だ。そして、もしそれが私たちでないなら、他の誰であろうか？」[原注4]

ＷＷＦは一九八九年末の行動指針の中で、「再生可能資源の持続可能な利用」に初めて言及している。人類の人口過剰に直面する今、それこそが地球の生物多様性と自然環境を守る唯一の方法だ。フィリップ王配の総裁就任中（一九八一～一九九六年）にＷＷＦは地球規模の環境保護団体に発展し、常にグローバル企業と協力するようになった。パンダは金儲けとベッドインし、まもなく双方を利する戦略的プロジェクトが生まれた。その名は「グリーン・エコノミー」。現代の戦略、それは気候変動や森林の大量破壊時代に安らぎと喜びの訪れを知らせるもの。地上と水中の天然資源を保護しながら、同時に経済成長を遂げ、大量消費を推進するものとなるだろう。

以前は私も、ポスターやスープのパッケージやビール缶にかわいらしいWWFパンダを見つけたとき、概して好意的な気持ちになったものだった。WWFの巧妙なマーケティングによって、パンダが世界で最も信頼のおけるブランドロゴだと思わされていたからだろう。私の個人的なパンダへの信頼を根底から揺るがすような話を耳にしたのは、単なる偶然からだった。ブレーメンのシュタイントーア地区で、私はチリ時代の古い友人、ルイザ・ルトヴィッヒにばったり会った。彼女とは何年も会っていなかった。ピノチェトの軍事クーデター〔訳注：一九七三年、社会主義政権に対しアウグスト・ピノチェト将軍ら軍部が起こしたクーデター〕。その後一九九八年までピノチェトによる軍事独裁政権が続いた〕のあと、ルイザはドイツで亡命生活を送り、その後サンチャゴ〔訳注：チリの首都〕のドイツ人学校で教鞭をとるために故郷に戻った。彼女は今、チリ南部のプユワピという美しい名の町で小さな民宿を営んでいる。何もないところだが、山々と氷河とフィヨルドがある。ところが今、サケの養殖場がいくつもできていて、それが派手に環境を破壊していると彼女は言った。そして推計一億匹のサケが、水中の巨大ケージの中で耐え難い最期を迎えたのだという。最初は、サケを死に至らしめるウイルスISA〔訳注：伝染性サケ貧血症〕の犠牲になったのかと思われた。ISAなら治療法はない。だが、災難の本当の原因はサケ養殖業者、特にノルウェーのマリンハーベストのような強欲の輩だとわかった。私は好奇心をそそられた。インターネットで検索し、同社の大株主の一人が世界的に悪名高い金融投資家ジョン・フレッドリクセンだと知って驚いた。

マリンハーベストのホームページには、健康的なピンク色をしたサケの画像や、「社会的責任と生態系への責任」をとても真剣に考えていますという同社の誓約が掲載されていた。おまけに、みんなの人気者WWFパンダのロゴまで発見してしまった。この組み合わせに、私は不快感を覚えた。と同時に、これは興味深く、追求する価値が十分あると思った。二〇〇九年二月、私は同僚のアルノ・シューマンと共に世界の果てに旅立った。私たちはこの養殖業の惨事の奥底まで行き着いてやろうと思った。そしてパンダがどんな風にサケとつるんでいるのかをつきとめようと決めた。

サンチャゴから出発し、真新しい民有高速道路に乗って南部へと一〇〇〇キロメートルをひた走った。私がそこを初めて訪れたのは一九八一年のことだった。私の記憶では、当時そこは緑のパラダイスだった。鬱蒼とした森、雪を頂いた火山、深く青い湖。しかしこのとき、ヴァルディヴィア〔訳注：チリ南部の都市〕の南の森は、すっかりパルプ・プランテーションに様変わりしていた。細い茶緑色のマツとユーカリが、兵隊のように整然と並んでいた。木々の列の合間には、重機で根を掘り起こしたあとの泥が連なっていた。

パルプ用の木は二、三年ごとに切り倒され、数秒のうちに皮を剥かれて、近隣の巨大製紙工場に運ばれる。工場の煙突から出る煙は、数キロメートル先からでも見える。森に残されるものといえば、見渡す限りの裸の大地。企業のために規格化され、生物学的には死んだ風景だ。森の売りつくしはシカゴ・ボーイズ〔訳注：主にシカゴ大学出身のチリ人経済学者グループ。ピノチェト政権下の一九七〇年代に新自由主義革命を行なった〕の発明だ。シカゴ・ボーイズとは、チリの豊富な天然資源を手っ取り早く現金に変える方法のヒントを、ピノチェト独裁政権に吹き込んだ経済学者グループである。

奇妙なことに、これらパルプ木材業の多くは、ＦＳＣの「エコラベル」を取得している。ＦＳＣとは森林管理協議会〔訳注：Forest Stewardship Council〕の略。ＷＷＦはその共同設立者だ。この認証制度は、特に厳格な基準を課すことで好評を得ている。このラベルを取得した企業は、「持続可能な」木材生産だけを行なっていることになっている。真偽はともかく、それがドイツのボンに本部をおくＮＧＯ、ＦＳＣの主張だ。ＷＷＦの大スポンサーであるシェルも、チリ南部やアルゼンチンやパラグライで広大なパルプ・プランテーションを運営している。シェルもまた、「持続可能な林業」のＦＳＣラベルを取得している。この認証制度でビジネスがやりやすくなり、同時に消費者の良心も安らかになる。

ＦＳＣ創設者のもともとのアイディアは、自然の森を本当に持続可能な方法で利用し、未来のために森を守り続けようというものだった。しかし実際には、ＦＳＣラベルのついている木材の大多数は、企業のプランテーションから切り出されたものだ。そこには動植物の多様性などまったく存在しない。緑の砂漠としか言い様がない。この荒涼とした土地にしがみついてなんとか生きているわずかな生物も、そのうち除草剤や殺虫剤で根絶やしにされる。

サーモン・キング

プエルト・モント〔訳注：チリ南部ロス・ラゴス州の州都〕が近づくと、腐った魚のひどい臭いが漂ってきた。臭いのもとはサケの養殖場ではなく、フィッシュミール工場だった。養殖場のがっついた魚たちのエサを生産している。養殖場ではサケをさっさと太らせて解体処理する。一年半で五キログラムも体重が増える。フィッシュミールとフィッシュオイルから作られた濃厚飼料にしか成し得ない技だ。

悪臭は、パルグア港のフェリー・ターミナルまで追いかけてきた。ここからチロエ島〔訳注：ロス・ラゴス州チロエ諸島の主島〕までフェリーに乗る。一九八一年、私はこの素晴らしく美しい島を訪れた。海岸沿いに杭上住居が並び、水の妖精の伝説がある島だ。当時は、貧しいが美しいところだった。今では、不毛な醜いところになってしまった。「サーモン・ミラクル」が起きたにもかかわらず、人々は貧困に打ちひしがれていた。

入江の水上にサケのケージの巨大なスチール枠が見えた。水の青さとは対照的な、殺伐とした光景だ。コンテナトラックが高速道路で渋滞していた。赤いコンテナは有害貨物を積んでいる。ウイルスで汚染された何百万匹ものサケの死骸だ。感染して死んだサケはフィッシュミール工場に運ばれ、処理される。生き残った仲間のサケのために、ペレット状のエサにされるのだ。チリ・スタイルのリサイクルだ。ＩＳＡが猛威をふるえば、生態系にも重大な影響を及ぼす。私たちが訪れたとき、ほとんどのサケ養殖場はすでに政府によって閉鎖され、何年も隔離されたままだった。

アチャオ〔訳注：チロエ諸島の小島の町〕は陰鬱な町だった。灰色のポプラの板葺き屋根に雨が何時間も降り注いだ。シーフードレストランは、もぬけの空だった。通りではマリンハーベストのレインコートを着た数人の酔っぱらいが、こちらによろめいて来た。海岸には年配の女性が二人、木製の屋台で行商をしていた。家族を養うために手編みのソックスやセーターを売っているのだ。ＩＳＡが大流行したため、夫たちは予告なく解雇された。会社は給料二カ月分の退職金を支払った。五五〇ドルほどだ。

そのうちの一人、マリアはこう不平を言った。「会社は儲かると言ってたけど、サケは災難を運んできただけだよ。うちの夫も三人の息子も、失業中。もう漁師には戻れない。魚を捕る以外に、することはないのに。ムール貝もいなくなったし、ウニもいなくなった。みんな死んじまったよ」。この災難は誰のせいだと思うかと彼女に尋ねると、こう言った。「ノルウェー人だ。あいつらはサケで大儲けした。海を汚しちまったもんだから、さっさと出ていくんだろうよ」。

世界のサケの商業生産の三分の一は、ノルウェー人ジョン・フレッドリクセンの手中にある。個人資産は一三五億ドルとも言われているデブで赤ら顔の「サーモン・キング」は、地球上で最も金を持っている男の一人だ。フレッドリクセンはニシンの行商から業を起こしたため、ノルウェーのブルジョワたちは今でも彼を無作法な成金だと思っている。彼のモットーはシンプルだ。「株主のために良いことは会社のために良いこと」。彼は一八人の取り巻きを引き連れて、略奪のために世界中をジェット機で飛び回る。

戦略的に重要な業界で左前の会社があれば、フレッドリクセンは即座に大量の株を買い、その会社をコントロールする。彼はこの手口で、全世界に広がる強大な帝国を築いた。彼は世界最大の海運会社フロントラインと石油プラットフォーム〔訳注：石油掘削のための巨大構造物〕業界をリードするシードリルを所有している。フレッドリクセンがサケ業界に参入したきっかけは、偶然みたいなものだった。サケを扱うノルウェーの大企業が二〇〇七年に倒産寸前になり、彼が買い取った。そして同業二社と合併したのだ。

それ以来、彼はサケ業界でもビッグ・ダディとなった。彼の水産会社マリンハーベストは、世界市場に年間一億匹ものサケを卸している。水産業界は、大規模養殖が「クリーン」だと言ってはばからない。WWFはフレッドリクセンの会社とのパートナーシップ契約を結ぶ道を選んだ。集約的養殖業が未来の食料供給問題の解決策だと信じてでもいるのだろう。

「サーモン・キング」ジョン・フレッドリクセン（右）

泳ぐ薬局

レロンカヴィ入江〔訳注：プエルトモントから一〇キロメートルほど東にあるフィヨルド〕をボートで南に数キロメートル下った頃、海洋生物学者エクトール・コールは養殖のサケを「泳ぐ薬局」だと言った。この入江には三八カ所のサケマス養殖場があり、その生産能力は限界に達していた。一つ一つのケージには、平均二〇万匹のサケがぎゅうぎゅう詰めにされていた。ヨーロッパで許可される数の倍である。ケージが六つある養殖場なら、いつでも一〇〇万匹以上のサケが飼われている計算になる。それぞれの養殖場は互いに非常に近い場所にあり、感染症はあっという間に広がる。ウイルスの大流行は起こるべくして起こった災害だった。

一年前、レロンカヴィ入江で大規模なサケの「牢破り」があり、一二三万匹が脱走した。サケは肉食なので、脱走者たちはすぐに入江の何もかもを食い尽くしてしまった。地元の漁民の捕るものは何も残っていなかった。エクトール・コールは、この地域のすべてのサケ養殖場を知っている。彼はかつて、この業界のプロジェクト開発者だったからだ。自分の仕事が入江の生態系を崩壊させていると知って仕事を辞め、それ以降は小規模漁業協同組合のコンサルタントとして雀の涙ほどの給料をもらっている。チリ南部全土で、どこかに養殖場労働者のストライキや怒れる漁民による道路封鎖があれば、この戦術に長けた神経質なチェーンスモーカーが必ず駆けつける。使命感が彼を突き動かしている。

サケ養殖業界は、コールを暴動の首謀者で反逆者と見なしている。かくして、彼は背後に気をつけるハメになった。サンチャゴの環境活動家たちは、命を狙われる危険があると彼に警告する。だがエクトールは反ピノチェト政権の筋金入りレジスタンスだった。「サケの独裁も終わらない限り、活動をやめるわけにはいかない」。入江に沿ったでこぼこの砂道を車で走っていると、彼は海岸に並ぶ白いサイロを指さして言った。「ケージに飼われているサケは数が多すぎるから、酸素が不十分で窒息してしまうんだ」。サイロは海に向けて人工呼吸を行なうための酸素圧縮機だった。

エクトール・コールはさまざまな養殖場でサンプルを集めた。その間中、養殖会社の警備用ボートにつけまわされた。彼はまた、養殖業者の環境報告書もつぶさに調べた。「ノルウェーでは、サケの生産量一トンあたり抗生物質一グラムの使用が認められている。チリでは、規制が何もない。ヨーロッパの八〇〇倍の抗生物質を使用することもある。人間の治療に使う抗生物質と同じものだ。細菌が耐性を持ってしまうため、それは大変危険なことだ。ある年、マリンハーベストがこの入江にあるたった一カ所の養殖場で一年間にエサに混ぜた抗生物質の量が、ノルウェーのサケ養殖業界全体で一年間に使った量と同じだったことがある」。

　サケの生産量を増やすために、抗生物質だけでなく有害な化学物質も使われている。エクトール・コールはそれをすべて知っている。「サケの卵にも、クリスタルバイオレット〔訳注：塩化メチルロザニリン。トリフェニルメタン色素〕やマラカイトグリーン〔訳注：マラカイトグリーン塩酸塩。青緑色の塩基性有機色素〕などの発がん性物質を含む防カビ剤を使用している。ケージには常に、重金属を含む防汚塗料〔訳注：貝の付着などを防止するための塗料〕を塗布している」。

活動家エクトール・コール

　エクトールは彼のラップトップを開いて、ムール貝採りのダイバーが養殖ケージの下を撮影したビデオを見せてくれた。スクリーンに海底のゴミ捨て場の光景が映し出された。パイプや古いネットやケージの部品、腐敗したエサ、厚い層を成すサケのフン。そして死んだムール貝やウニやヒトデなどが、濁ったスープの中を漂っていた。「海の底では、何もかもが死んでいる。養殖産業は海をゴミ捨て場にしているんだ。この国のサケ養殖場が出すフンは、チリ人一四〇〇万人の排泄物と同じ量だ。海の生態系全体が、企業の利益のためにめちゃくちゃに破壊されている。そしてＷＷＦは、それをやめさせようともしない」。

パンダとサケの出会い

その代わりにＷＷＦがしたのは、二〇〇八年四月にマリンハーベストとパートナーシップ契約を結ぶことだった。契約締結を発表する記者会見資料には、両者が「持続可能な」サケの生産を促進するために力を合わせると書いてある。エクトール・コールは、嘲笑されているような気がしたという。「ウイルスの大流行のために養殖業者の半数が閉鎖され、すでに二万五〇〇〇人が職を失っている。ＷＷＦの言う社会的持続可能性がどこにあるというんだ。ＷＷＦはサケの養殖がチリにとって良いことだと言う。だが俺たちは裏切られてばかりだ」。私は、ＷＷＦとマリンハーベストとの対話が事態を良い方向に向けたこともあるのではないかと言ってみた。小さいながら改善されたこともあった。たとえば、マリンハーベスト・チリの技術監督アドルフォ・アルヴィアルがＷＷＦチリと共同で、あるパイロットプロジェクトを計画した。将来的に、スモルトと呼ばれるサケの稚魚を海と隔絶されたタンク内で育てようというプロジェクトだ。そうすれば入江や湖を汚すこともなくなるだろう。エクトールは私の意見を却下した。「そんなもの、ただの絵に描いた餅だ。そんなタンク、どこにあるんだ。書類に書いてあるだけだ。マリンハーベストはそんなものに一ペソだって使いやしないよ」。

翌日、私たちはマリンハーベスト・チリの技術監督アドルフォ・アルヴィアルに会いに行った。彼は素

サケ養殖場　チリ

直に、ウォータータンク計画が「保留になっている」と認めた。同社は別の、もっと切迫した問題を抱えていた。「わが社もウイルスに手ひどくやられました。機が熟せば、またそのアイディアに着手する日も来るでしょう。WWFはこちらの立場をよくわかってくれています」。アルヴィアルが、自己批判的な思想家だということはわかった。彼は生物学者として、自分の会社がチリのフィヨルドに深刻なダメージを与えているとよくわかっていた。「わが社は沢山の過ちを犯してきました。だがマリンハーベスト、そしてジョン・フレッドリクセンは、必ずやそこから何かを学ぶことでしょう。利益と持続可能性の共存共栄は可能なのです。私たちは人類を養っていく責任がありますから、ここで諦めるわけにはいきません。小規模漁業だけでは不十分です。養殖業が必要なのです」。

チリの危機は世界市場にサケ不足をもたらし、それがもとでサケの価格が高騰した。マリンハーベストは、ノルウェーでの生産量を急上昇させることで対応した。一方チリでは、死にかけた養殖業者の上を旋回するハゲワシのように行動した。伝染病でつぶれかけている小規模養殖業者に近づき、そうした企業のインフラを買い取ってしまったのだ。危機が収まれば、フレッドリクセンは感染症の流行前よりもさらに世界のサケ業界をコントロールしているだろう。この先、何百万匹のサケが病気で死のうとも、赤字になどならない。サケにはたっぷりと保険がかけてある。

オスロ〔訳注：ノルウェーの首都〕のマクドナルドの外には、宣伝の旗が風にはためいていた。この、どこにでもあるアメリカの飲食店は今、新製品を売り込んでいる。マリンハーベストのサーモンラップ。この商品で、フレッドリクセンは新市場に食い込もうとしていた。最先端の「持続可能な」製品で、都会の若い消費者を獲得しようというわけだ。

オスロに来たのは、WWFノルウェーの海洋保護担当マレン・エスマークに会うためだった。マリンハーベストとのパートナーシップ契約を交渉したのが彼女だった。彼女には、二つの顔を持った怪物企業と協力することを倫理的にどう考えるか、と質問した。マリンハーベストは、ノルウェーではお行儀よくしているようだが、チリでは海の生態系と現地の人の生活を破壊している。エスマーク女史は冷静な外交術でこう答えた。「マリンハーベストとのパートナーシップはまだ日が浅く、契約はノルウェーにしか適用されないのです。チリの状況は残念なことだと思いますが、チリは私たちのパートナーシップ契約に含まれていません」。なんと都合の良い！　同じ一つの会社だってこと忘れてください、か。それが二枚舌だって言ってるんじゃないか。私はエスマーク女史の神経を逆なでしたようだった。「何が知りたいんですか？　私たちはマリンハーベストとの交渉をやめることだってできました。でもそれで世界が良くなると思いますか？」

彼女はWWFとのパートナーシップが、少なくともノルウェー国内ではマリンハーベストを「より良い」企業にしたと固く信じていた。彼らは一致協力して、同社の「エコロジカル・フットプリントを減らし」続けるつもりだという。沢山のサケがケージから逃げ出すことのないように、新しい手法が導入されることになっている。逃げた養殖サケが野生種と一緒に育つと遺伝子の多様性が失われるからだ。WWFはまた、サケのエサ問題もパートナーシップで解決しようとしている。同社はノルウェーの養殖場でも北海ニシンを混ぜたエサを与えているが、ニシンはシーフードとして人気があるので、人間が食べない魚に変更しようと計画していた。

　私は契約について追及した。パートナーシップ契約とは、約束したことに拘束力があるのか？　パートナー企業が約束を守っているかどうかをモニタリングするのは誰なのか？　WWF総代女史は、その点を曖昧にした。「現在、水質を検査して検証可能な共同目標を作っています」。建て前はもう沢山だ。私は契約書を見せてほしいと頼んでみた。マレン・エスマークは聞き入れてくれなかった。「契約書は今、マリンハーベストで改定されているところです。終わり次第、コピーをお送りします」。でも送ってはこなかった。このあと何度か請求してみたが、その文書がコピーされることはなく、契約書を目にするチャンスは一度もなかった。おそらく、ちゃんとした契約というより、拘束力のない覚え書きのようなものなんだろう。イメージの悪い企業が「グリーン」になるには、その方が安上がりなんだろう。

　だが、WWFにとっては何が得なんだ？　金銭のやりとりはあったのか？　マレン・エスマークにとってはいささか答えにくい質問だったようで、ためらったあとにこう言った。「はい、契約には金銭が介在しています。私たちの海洋保護活動に資金援助を受けています」。フレッドリクセン帝国がWWFにいくらつぎ込んでいるのかを聞くと、彼女は助けを求めるように周りを見回したが、助けに来る人はいなかった。「ええと……ユーロで良いですか？　それともノルウェー・クローナ？」「通貨の単位は何でも良いです」。「わかりました。ええと、ＷＷＦは年間約一〇万ユーロを受け取っています」。約一三万五〇〇〇ドルか、年間でね。

「金を払うものが笛吹きに曲を指定できる〔訳注：費用を受け持つ者に決定権があるの意〕」ことになるとは思わなかったのか？　マレン・エスマークは素早く同意したが、私が持ち出した古いことわざとはちょっと意味がズレていた。「そうですね。企業とのパートナーシップは、いつもチャレンジです。しかし国際的組織として、私たちは折り合いをつけていかなくてはならないのです。大企業と協力しますが、同時に彼らを批判もします。資金を受け取っているかどうかに関わらず」。それなら、パートナーがチリで生態系に対して悪事を働いていたのに、なぜＷＷＦは批判しなかったのか？「それはＷＷＦノルウェーの権限を超えた問題です」。だがこの言い訳は、数分後にマレン・エスマークがチリ養殖業に熱烈な弁護をし始めたときにはすっかり忘れ去られていたようだった。「サケ水産業はチリの海辺の人々に大きな利益をもたらすと信じています。養殖業は雇用を生み出します。私たちは、それを妨げたくないのです」。

ケージの中の死

クリスティアン・ソトは、チリのサケ養殖業界に雇用される五万人の一人だ。職種はダイバーで、サケのケージのある冷たい海の底に潜るのが仕事だ。彼にとってＷＷＦの心証は良くない。マリンハーベストのために働いて死んでいった人々のために、ＷＷＦはなぜ何もしてくれないのかと思う。彼自身も、サーモンビジネスに携わりながら、日常的に命の危険を感じている。マリンハーベスト初めさまざまな養殖場の日雇い労働者として、彼はネットの掃除や修理、感染症で死んだサケの撤去などの仕事をしている。取材時点で、ケージごとに一日約三〇〇〇匹のサケが死んでいた。「十分な数の輸送コンテナがないから、死んだサケを袋詰めして、回収船が来るまでケージの中に吊るしておく。回収される頃には魚は腐ってるから、臭いがたまったもんじゃない。防護服なんてものも、なしで作業するんだよ」。

私たちは釣り船を借りて、クリスティアン・ソトと一緒に入江の反対側のトドのコロニーに向かった。一〇〇頭ほどの立派なトドが、岩の上で日光浴をしていた。近づいていくと、一トンを超えるようなオスたちが恐ろしい声で吠えた。チリではトドは保護動物だが、サケの養殖業者は情け容赦なく殺す。トドはサケが大好物なのだ。トドをケージの外へ追い出すのが、クリスティアン・ソトの仕事の一つだ。「あいつらがケージに入ってきたら、外へ追い出すんだ。初めは銃で撃つ。それは大抵、養殖場のマネージャーの仕事だ。そのあと俺たちが海の中に入って、本当に死んだかどうかを確認する。命懸けの仕事だよ。断れるけど、断れば明日は来なくていいと言われる。去年、撃たれてケガをしたトドに脚をつかまれて、海底まで引っ張られた。そのとき、足ひれとマスクが引きちぎられた。命

クリスティアン・ソト　ダイバー

は助かったけどね」。

チリの養殖場では、陸から空気を送る水撒き用ホースみたいなものにダイバー約六〇〇〇人が命を預けている。そのホースはよく傷がつくので破れやすい。ダイバーに海底のネットが絡まって、水面まで戻ってこられないこともある。法律の制限を超える水深まで潜るから、とんでもない水圧がかかる。「俺たちのライセンスでは水深二〇メートルまでしか潜れないが、ケージがあるのは水深四〇メートルだ。養殖場には半径五〇〇メートルにつき減圧室〔訳注：水面まで上昇する際に徐々に減圧を行なわないと潜水中に加圧された血中窒素が膨張し壊疽や心停止の恐れがある〕を一基設けることが法律で定められている。ダイビングの事故は、生きるか死ぬかの問題だからね。でも現実には、減圧室なんて設けられていないか、あっても欠陥品だ。ダイバーが死ぬ方が会社にとっては安上がりなんだ。去年だけで同僚が一八人も死んだ」。

そのうちの一人はクリスティアン・ソトの親友だった。「まともに機能している近くの減圧室まであいつを運ぶのに、七時間もかかった。たどり着いたときにはもう死んでた」。彼は、目に涙を浮かべてその話をした。彼は常に死と隣り合わせだ。なぜこんな仕事に就いているのか？　彼は、本当は音楽教師なのだが、チリでは、教師の給料で生活していけない。「二人の子どもを良い学校に行かせるために、この仕事をしている」。チリのスタンダードでは、ダイバーは稼ぎが良い。月に約一二〇〇ユーロだ。

クリスティアンは私たちを自宅に招き、コンピューターのデータベースを開いた。二〇〇七年八月二十六日にプチルコ〔訳注：チロエ諸島の小島の町〕にあるマリンハーベストの養殖場で死んだ若い同僚の写真を見せてくれた。クリスティアンは、死亡診断書の一節を読んだ。「本ダイバーは、有効なライセンスを有していなかった。設備の不具合により、酸素の供給が行なわれなかった。義務付けられているレスキューダイバーは、配置されていなかった」。

死んだダイバーの名は、ペドロ・パブロ・アルヴァラード。水深四〇メートルで命を失ったとき、二十九歳だった。トド対策用ネットの修理をしていた。クリスティアンは検察庁のファイルを調べ、同僚や遺族から話を聞いた。「会社は、この事故が水深二〇メートルで起きたと主張している。彼のライセンスで法的に許されている最大水深だ。それはあり得ないと誰もがわかっている。トド用のネットは水深四〇メートルの位置にあるからだ。おまけに、ペドロ・パブロは嵐の中を潜らされた。監督機関である海軍が、そのときその海域のすべてのダイビングを禁止していたのに」。

ダイバーとサケの死骸

私は検察庁に調査の結果を問い合わせた。それによると、事故の二年後マリンハーベストは安全規制違反で約二七〇〇ドルの罰金を課せられていた。過失致死の刑事告発をすることはなかった。司法制度は被害者でなく加害者を守っているとクリスティアン・ソトは言う。「事故が起きるといつも、検察官は同じ結論を出す。死亡の責任を負うのはダイバー自身という結論だ。司法制度は俺たちを守ってくれない。とても不公正だ。今まで、俺は運が良かった。だが家族は、いつか俺が戻ってこない日が来るかもしれないと思うことに慣れっこになってしまった」。

サケ養殖業界が効率性の名の下にダイバーたちを平気で犠牲にしているということを、この話は如実に物語っている。経済学用語で、これを「比較優位」〔訳注：自由貿易の下でそれぞれの国が得意な分野に特化することで労働生産性が増大されるという十九世紀の経済理論〕という。北半球の国々が南半球に事業を移すときに持ち出される論理だ。この十年、推計一〇〇人ほどのチリ人ダイバーがケージの中で死んでいる。ノルウェーのサケ養殖業界では、同じ時期に死亡したダイバーは一人だった。私たちはこの数字を携えて、マリンハーベストに立ち向かおうと決意した。マリンハーベスト・チリの技術監督アドルフォ・アルヴィアルは取材に応じたが、まずは嬉しそうに彼の誇りにしているものの話をされてしまった。アンデスのなだらかな山岳地帯リオ・ブランコ〔訳注：ロス・ラゴス州、カルブコ火山の麓〕の、エコな新養殖場の話だった。最新設備の養殖場だ。クリーンで環境にやさしい閉鎖式の水循環システムとバイオフィルター。巨大な養殖槽の中には、一〇〇〇万匹もの養殖サケのニュージェネレーション。

サケ用ケージの残忍な生息環境とは何という違い！　アルヴィアルにこの落差を指摘し、不思議な国アリスの心境だと言ってやった。彼は満足げに微笑んだ。「ここは現実世界ですね。チリは不思議の国です。この施設を見ておわかりのように、マリンハーベストは路線を変えようとしています。これが私たちの目標です。そこに至るまでには、まだすべきことが沢山ありますが」。

次の質問。サケ養殖業の隆盛を支えるために、なぜ一〇〇人のダイバーが死ななければならなかったのか？　突然アドルフォの顔から温厚な微笑みが消えた。「それついて、説明することは何もありません。一〇〇人という数字については、異論があります。ムール貝ダイバーもその数の中に入っているんですよ。彼らが危険な目にあうのは、彼ら自身の責任です。それなのに、彼らが死ぬと私たちのせいだと言われる。これは不公平だ。しかし気にするほどの数ではありません。一〇人か一二人、せいぜい二〇人くらいです。

死亡者はいないに越したことはありませんが」。こちらがカメラの電源を切ったとたん、彼は身を乗り出してウインクをした。「ここだけの話ですが、死亡するダイバーのほとんどは酒を飲んでから仕事に来るんですよ。最大の敵はアルコールです。わが社じゃなくてね」。

ペッターのハッピー・サーモン

再びノルウェーに話を戻そう。私たちはマリンハーベストの技術監督ペッター・アーネセンを取材した。実直で口数の少ない彼は私たちを高速モーターボートに乗せ、ノルウェー・サーモン成育のモデルケースの見学に向かった。広報の責任者が退職したばかりでアーネセンに取材対応のお鉢が回ってきたのだが、ＷＷＦとのパートナーシップ契約の交渉をしたのは彼だったので、こちらには好都合だった。世界規模の「養殖産業との対話」プログラムも、彼とＷＷＦが生みの親だ。このプログラムで新たな持続可能性認証が発行され、養殖産業の劣悪なイメージはきれいさっぱり払拭されることになるだろう。

ペッター・アーネセンは、現時点のＷＷＦとの契約は曖昧で、どうとでも受け取れることを認めた。実際の契約内容は「流動的」なままにしてある。しかし最も重要なのは対話を続けているということだそうだ。「私たちはＷＷＦから海洋生態系プロセスについて学んでいるし、ＷＷＦの方も実際の養殖産業がどんな風に行なわれるものなのかを学ぶことができます」。

それでは、マリンハーベストがＷＷＦに払っている金は？　一体、何のために払っているのか？　アーネセンによれば、その金はＷＷＦでサケ専門ポストに就く人に渡っているという。企業が外部批判者のサラリーを払うことについて、何らやましいことはないと彼は考えていた。マリンハーベストはチリで大災害に見舞われたのだから、生き残りをかけて「もっと持続可能」にならなければいけない。それにはWWFの力が必要だ。いずれにしても、ノルウェーでの操業はチリよりすべてにおいて先を行っている、とアーネセンは言った。

深緑色のボクナ湾〔訳注：ノルウェー南西部、ルーガラン県の北海に面したフィヨルド〕を走るボートは、まるで空を飛んでいるようだった。恐ろしい高さの断崖から、滝が真下の海に向かって流れ落ちていた。数キロメートルごとに、海水面から突き出た巨大な輪が見える。サケの養殖場だ。自動エサ撒き機がペレット状のエサを空中にばらまいたとたん、何千匹ものサケが水面に飛び出して食らいついた。ウロコが陽の光を受けて輝いた。ひとかけらの偽りもなく、技術監督アーネセンは、ここのサケが「この上もなく幸せだ」と私たちに請け合った。

チリとの差は歴然だった。ノルウェーの養殖場エリアは、水がほとんど汚れていない。衛生基準が忠実に守られ、国の監督も厳格だ。環境法の違反者は、操業ライセンスを失う。操業を再開するには、養殖施設ごとに毎年、申請し直さなければならない。マリンハーベストは、チリでのライセンスを底値で取得している。海域一ヘクタールにつき年間一五〇ドルである。それに、チリでは賃金も安い。ノルウェーの労働コストの約一〇パーセントだ。

同じ会社に、ぜんぜん違う二つのスタンダード。ペッター・アーネセンは、チリには開業早々に利益が出るという大きな魅力があったと正直に認めた。そしてこうも言った。「あの大災害は、避けられないと考えるべきでした」。数年前、すでにノルウェーでISAの大流行が起きていた。しかしサケ養殖場どうしが離れていたことや、衛生基準が高いことなどから、数カ月でウイルスを抑えることができた。しかしチリでは、ＩＳＡの猛威はマゼラン海峡まで南下し、一〇〇〇キロメートルにわたって拡大した。ペッター・アーネセンは個人的にこの大惨事に責任を感じている。彼は数年間チリに滞在し、サケ養殖業の立ち上げに携わったからだ。「そうです」と彼はしぶしぶ認めた。「残念なことに、ノルウェーで学んだ教訓を生かせませんでした」。彼は少しうなだれて、しばらくの間、静かに前を見つめてからこう付け加えた。「取材の前に、ご質問を提示して下されば有難かったのですが」。

アーネセンは再び心を落ち着かせ、養殖業におけるあらゆる困難は克服されるだろうと確固たる声で言った。最も大きな困難、すなわち、いかにしてサケをベジタリアンにするかという問題も。肉食魚のサケは動物性のタンパク質を大量に必要とする。トン単位でケージに投げ込まれる濃厚飼料は、主にフィッシュミールとフィッシュオイルで作られている。これはマイナスのサイクルである。つまり一キログラムのサケ肉を生産するために四～六キログラムの野生魚が殺される。今、世界の漁獲量の半分以上は、サケや食肉用動物の濃厚飼料になっている。養殖サケは自らが提供するより、多くの動物性タンパク質を消費する。これのどこが持続可能なんだ？

「私たちとＷＷＦは、この問題に対する考え方が同じです」とペッター・アーネセンは言った。「エサの中の植物性タンパク質の割合を増やす実験をしています。たとえば大豆などを使って」。世界中の海で漁業資源はすでに「枯渇」しているため、マリンハーベストはこれを絶対に成し遂げようと決意している、とアーネセンは言った。問題は、サケが育つためのエサに魚の含有量が少なすぎると、ヘルシーなオメガスリー脂肪酸が減ってしまうことだ。小売業者は、そんなサケを望んでいない。かわいそうな技術監督氏は、四角を丸くするような厄介な仕事をしている。しかしラッキーなことに、ＷＷＦが力を貸してくれる。

すべてを「持続可能」と認定してくれるのだ。

遺伝子組み換えがその答えなのか？　アーネセンは賢明にも、この問題には多くを語らなかった。彼の会社は「その種のことは」考えないだろうと言った。ヨーロッパの消費者には「受け入れられない」だろうと。しかし二〇一三年、結局はそのときが来た。カナダのプリンスエドワード島の研究所で、アメリカのバイオテク企業アクアバウンティ・テクノロジーズが遺伝子組み換えサケ第一号を生み出したのだ。カナダ環境省は遺伝子組み換えサケの卵の大量生産と市場流通を認可した。アクアバウンティは楽観的なムードに包まれた。アメリカ食品医薬品局（ＦＤＡ）もすぐに、このバカでかい「フランケンシュタイン・フィッシュ」の市場流通を認めるだろうという自信があった。こいつは、従来の養殖サケの倍の速さで成長する。そのうち「持続可能な養殖」の認証ラベルがつくのかと思うと恐ろしい。

チリの港町タルカワノ〔訳注：チリ中部、ビオビオ州の町〕の臭いは、到着する何マイルも手前から漂ってきていた。このフィッシュミール・センターの港には、近代的なトロール漁船が列をなしていた。チリ沿岸のフンボルト海流が流れるこの海域は、世界で最も漁業資源の豊富な場所とされている。埠頭で、私たちはネルソン・エストラーダと会った。十九時間前にシケの海に出た彼と一三人の仲間たちは、今九〇トンの新鮮なアンチョビ〔訳注：カタクチイワシ〕を陸揚げするのに大忙しだった。巨大ホースが魚倉まで伸ばされ、象の鼻のように獲物を吸い上げていた。魚はこのあと、地元のフィッシュミール工場へとトラックで運ばれる。ネルソン・エストラーダにとって、それはいつもわびしい瞬間だった。「エサ業者に、ほとんどの漁業権を買い上げられた。俺たちが獲った魚は全部、エサ工場行きだ。アンチョビはヘルシーでタンパク質豊富だってのに。こんなの犯罪だよ。この業界にはうんざりだ。だけど家族を養わなきゃならないから、仕方なく働いてるんだ」。

ネルソンは漁業労働組合の活動家で、この日は急いでいた。次の朝、トロール船の船員たちはストライキの予定だった。漁獲に対してフィッシュミール工場が支払う金額が低いことに抗議するのだ。船長たちは、給料が安すぎて船のローンも返せない。金を貸しているのはフィッシュミール工場だ。そのため、船長も船員もエサ業界に完全に依存している形になっている。「俺たちは多国籍企業の奴隷以外の何者でもない。チリで独立操業している漁師なんて一人も残ってないよ」。ネルソン・エストラーダは生まれながらの漁師だ。十二歳で父親を海で亡くした。彼は私たちを船に乗せ、魚倉へと連れて行った。そこには、キラキラ光る小さなアンチョビが何トンも山積みされていた。「恥ずかしい話だよ。このアンチョビは小さすぎて、卵を生む月齢にもなってない。子どもを増やす前に俺たちが資源を略奪しているんだ。将来の世代には何も残らないだろう」。

チリの海域で漁獲される魚の九五パーセントはサケやブタ、ウシ、ニワトリの濃厚飼料になる。濃厚飼料は、強欲な巨大養殖産業の原動力だ。世界は今、彼らの前に跪いている。ネルソン・エストラーダは運動家《ファイター》だが、経済的な面で形勢は不利だとも感じている。「チリ政府は、企業に立ち向かうには余りに弱い。政治家にとっては、『自由市場経済』とか言って強大な資本家の側につく方が都合が良い。あいつらは共謀している。だがルールを作っているヤツらは別にいる」。

サメの群れの中で

サケ帝国から遠く離れたところに、ダグラス・トンプキンズ〔訳注：アメリカ人環境保護活動家。アウトドア用品メーカーを経営していたが、一九八九年にビジネス界を離れ、今はチリやアルゼンチンの広大な土地を購入して保護している〕が治める大地がある。彼が個人的に所有しているプマリン公園〔訳注：チリ最大の自然保護公園〕は、パタゴニア〔訳注：チリとアルゼンチンにまたがるコロラド川以南の地域の総称〕のアンデス山脈を望む場所にある。チリの多くの環境保護活動家は、彼を信用していない。彼らに言わせれば、トンプキンズはグローバリゼーションの「恩恵に浴する者」だ。彼は、アジア諸国の低賃金労働者に製品を作らせることで、自分の会社であるエスプリ〔訳注：衣料品会社〕やノースフェイス〔訳注：アウトドア用品会社〕を巨大帝国に育て上げた。

私がそうした批判について尋ねると、トンプキンズは疲れたような顔で笑った。「否定はしない。だが、この種のグローバリゼーションの行き着く先がはっきりした時点で、私はその責任を取って引き下がった」。彼は自分の会社の株を売って、その金でパタゴニア最後の温帯雨林の一つを買い上げた。そうして彼は、二九万ヘクタールの緑のパラダイスをパルプ産業のチェーンソーから救った。トンプキンズは今、世界中の自然保護運動から「ディープ・エコロジー〔訳注：一九七三年にノルウェーの哲学者アルネ・ネスが提唱した概念。人間の利益のための環境保護を否定する〕」の教祖のように崇められている。ディープ・エコロジーは、野放図な経済成長にうつつを抜かすことを完全にやめるよう訴える。表面を取り繕うだけで満足する環境保護運動とは違う。WWFが企業に取り入ろうとするやり方に、トンプキンズは共感しない。「持続可能な集約的水産業が存在し得るという発想がバカげている。生態系の破滅を招く危険な幻想だ」。

二十年前トンプキンズが自分の自然保護プロジェクトに着手したときには、自分が大規模養殖場に取り囲まれる日が来るとは思いもしなかった。瞳を輝かせた細身で繊細なこの男は、別荘の一室で私の目の前

ダグラス・トンプキンズ

のアームチェアに腰掛けている。年代ものの木造建築を手直しした、ジャンキウェ湖〔訳注：ロス・ラゴス州の湖。〕のほとりの豪邸だ。ここではグリンゴ〔訳注：スペイン語でよそものの意〕と呼ばれる彼は、その名のとおり常に近隣のサケ養殖場とケンカしている。彼らがトンプキンズのパラダイスを脅かすからだ。寛大すぎるチリの環境法すら彼らが守らないために、違反のたびに彼らを訴えては激怒させている。地元の養殖場がケージを二四基設置したときもそうだった。この国で認められているのは、その半数だ。

自然が今、奢り高ぶった養殖業界にウイルスという形で反撃しているのは嬉しいか？　トンプキンズは人懐こい満面の微笑みを浮かべ、合意を表わしているように見えた。だがその感情を抑えて彼はこう言った。「あの危機が多くの人を貧困に陥れたのだから、喜べない。その人たちが気がかりだ。しかしこの機会に、サケ養殖業を終わりにすべきだと思う。伝統的な漁業の方がずっと良い。オーガニックで持続可能な方法が可能だからね。チリは魚介類の宝庫だ。サケ養殖より伝統的漁業の方がずっと多くの人を雇用できるし、誇りを持って生きていける」。

企業の異常な成長は、「猛烈な勢いで加速する機械」のようだと彼は言った。それは地球のすべての美しいものを破壊するだろう。チリの状況は、「『資本主義は最後に自らを食いつくす』というカール・マルクスの言葉が正しかった」ことを表わしている。トンプキンズはＷＷＦの対話政策が戦略的に誤りだと信じている。「地球の破壊は、チリを含めた地球上の国々で起こっている市民レジスタンスにしか止められない。こうした草の根の運動が協力し合い、大きな力になっている」。

この裕福なアメリカ人は、チリの政治家たちにその機会を捉えて今の状況をひっくり返す力がないことを心配している。それどころか今、彼らはマゼラン海峡の南に位置する手つかずの氷河を切り拓くことを計画している。グローバル・キャピタリズムの容赦ない「前へ進め！」である。さらにプンタ・アレーナス〔訳注：チリ南部、マガジャネス・イ・デ・ラ・アンタルティカ・チレーナ州の州都〕まで高速道路を延ばす計画と、巨大水力発電所を五つも作る計画が進行していた。アメリカ、カナダ、ヨーロッパの企業は、その電力を使って最終的に氷河や山脈をかち割り、そこにある鉱脈までたどり着こうとしている。

サケ養殖業界も、南へ向けた猛ダッシュのスタートラインに立っている。政府は、マゼラン海峡南部での養殖場新設のライセンスを初めて認可した。トンプキンズは、産業界がまるでイナゴの群れのように前進していると言う。あとにはただ破壊の残骸が残るだけだ。「大規模養殖は、死の惑星を生み出すだけだ。そこにはもう、経済的多様性は存在しない。海に多様性がもはや存在しないのと同じように。彼らはすべての生き物を、サケという一つの生物種に変えてしまう。こんなことをしていると、いずれ最悪の事態を招く。そして代償を支払うことになる。私たちもまた自然の一部だということを忘れてしまっているからだ。海の管理は自然に任せなければいけない。自然は、どうすればいいかを知っている。数十億年の実績が証明している。ジョン・フレッドリクセンのようなビジネスマンは、利益が上がるなら他のすべてのものは自然とうまくいくと信じている。現実はその逆だ」。

パンダは食いつかない

サーモン王国を巡る旅の終わりに、私たちはついに君主その人にたどり着いた。ジョン・フレッドリクセンは、中央ノルウェーのノーストダールの小さな川で釣り用の帽子をかぶり、レインコートを着て、たった一人で野生のサケを釣っていた。この地での静かな時間を何よりも愛する彼は、川を自分専用に借り切っていた。今、ここで釣りが許されるのは彼だけだ。彼は、この安らかなプライベートゾーンに、シーズン中一、二度訪れる。正確な日程を知る者はいない。私はビッグ・ジョンが来てくれないかと期待し、近隣の農家の部屋を二週間借りて娘と滞在していた。私たちがもう諦めて家に帰ろうと思い、これで最後と川沿いを探索していたとき、フレッドリクセンの小さな燻製小屋の煙突から煙が立ちのぼっているのが見えた。燻製用のオーブンに誰かが火を入れたのだ。私をものすごく不審に思っている村人から、なんとか情報を得た。フレッドリクセンが今朝早くやって来たのだという。専用のヘリコプターで空から来たということだった。

川岸の茂みに隠れて、私たちは望遠鏡で彼を観察した。彼はサケが食いつくのを待っていた。だが残念ながら、エサに食いつくサケはいなかった。ここはノルウェーの中でもとびきりのサーモン・ユートピアだが、養殖場から野生のサケに向かって排出される寄生虫や細菌、そしてウイルスが漁場を滅ぼしてしまっていた。野生のサケが海から川の産卵場所に遡るときに養殖場の近くを通り、囚われの親戚たちから感染させられる。感染すれば、次の世代を産み落とす前に病気で死んでしまう。

私が浅瀬を歩いてフレッドリクセンに近づいていくと、彼は少し怒ったように釣竿をヤブの中に放り投げた。彼はボディガードを呼んだが、滝の落ちる音がその声をかき消した。自分の釣り小屋まで歩いて戻るしかなかった。するとまもなくボディガードが、撮影していたビデオを奪い取ろうとライトバンで追ってきた。私たちは車に飛び乗り、さっさと逃げた。残念！　フレッドリクセンは、楽しくおしゃべりをしながら、スモークサーモンでビールを一杯やるチャンスを逃してしまった。私の方も、彼が何に突き動かされているのか、なぜいつも何をやらかすにも特大にしなければ気がすまないのかを、どうしても質問したかったのに。その日の夕方、私は最後の試みを実行した。彼の家に電話をかけ、家政婦を捕まえることができた。だが彼女は、もう電話してくるなという雇い主のメッセージを私に伝えただけだった。

ジョン・フレッドリクセンは、オスロのノール・シッピング海運貿易フェアに毎回出席する。二年ごとに開催されるこのメガ・イベント・ウイークは、海運業界の国際企業が催すイベントの中でも最大級とされている。私にとっては、彼と直接話す最後のチャンスだった。私たちはフレッドリクセンを一日中探し回ったが無駄だった。あるノルウェー人船舶ブローカーが慰めてくれた。「ジョンはシャイだからね。でも今夜は絶対来ると思うよ」。その夜は、海運業界の大物が集まって、かの有名な帆船クリスティアン・ラディッヒ号〔訳注：ノルウェーの大型全装帆船〕でＶＩＰパーティが催されることになっていた。シャンペンとキャビア付きだ。

私たちは帆船の停泊している埠頭にカメラを据え付け、待った。その夜遅く、フレッドリクセンの双

ジョン・フレッドリクセン　ロンドンにて

子の娘たちが現われた。彼女たちは黒のミニのドレスにハイヒールで、揺れる橋をドシドシと歩いた。船に乗り込むや、数十億ドルの資産の未来の相続人たちは、熱心に夫の座を狙う男たちの群れの目を奪った。二人の若い女性は、すでにパパの会社の重役だ。カトリーナは海運業、セシリアはサケ養殖業を手にしている。次の日の夜、私たちは幸運をつかんだ。オスロ港の遊歩道で偶然、目当てのでかい獲物を捕まえたのだ。

同僚のアルノ・シューマンが、カメラを回しながらフレッドリクセンへと突進した。付き人たちがフレッドリクセンとの間隔を詰めて、彼を守った。人垣の向こうにいる彼に向かって私は叫んだ。今もチリを苦しめ続ける災難について個人的な責任を感じないのかと。サーモン・キングは無表情で歩き続けたが、やがて反応を示し、冗談めかしてこう答えた。「私はただのサケ釣りだよ」。そこで、彼がマリンハーベストの株主だと思い出させてやった。すると即座に声の調子を変え、真面目になってこう言った。「私は会社の操業には何の関係もない。だが起きたことについては残念に思う。影響を受けた人たちには同情するよ」。そうしてフレッドリクセンは素早く高級レストランへと姿を消した。新鮮な牡蠣や魚と上等のワインでグルメディナーを楽しむのだろう。錨をあげて、新たなビジネスチャンスへ船出だ。チリ産のサケは、その晩のメニューにはのぼらなかった。

WWFはなぜ、よりにもよってフレッドリクセンのような人間を、地球を守るパートナーとして求めるのだろう。彼は利潤追求の法則に従順な旧式の金融投資家だ。地球の天然資源など、冷たいカネの城を築くための材料としか思っていないに決まっている。フレッドリクセンは、コーポレート・キャピタリズム〔訳注：巨大企業が支配的な経済システム〕史において最も悪名高いヤツらの仲間入りをしかねない男だ。それなのに神の干渉でもあったかのように、パンダはその膝にドンと座った。そのとたん、彼の帝国は奇跡のように緑に輝いた。

地球上の漁獲高の半分以上は食卓にはのぼらず、フィッシュミール工場のミンサーにかけられる。世界中で漁業資源が枯渇しつつある中で、サケ養殖産業はエサとして新たな資源に目を向けている。業界は今、南極のオキアミを獲りに巨大トロール漁船を送り込んでいる。オキアミは、海の命の糧である甲殻類だ。世界の海洋生態系における最大の栄養資源である。そのオキアミも今ではサケのエサとなっている。

チリの養殖サケは航空貨物として地球を旅する。パリ、東京、ニューヨークなどのレストランのテーブルに着陸して、一口サイズに切り刻まれる運命だ。お腹を空かせたお客は、まったくもってごく普通の、繊細なバラ色の魚の切り身としか見ない。しかしサケは、そこにたどり着くまでに耐え忍んできた苦難をその身の内に隠している。密集飼いのケージの中で生き残るために、大量の化学物質や抗生物質を飲み込まざるを得なかった。そしてサケを生産するためにどれほどのエネルギーが使われたか、長い道のりを運ばれる間にどれほどのサケが廃棄されたか、皿の上の料理を見ただけでは判断できない。金融食物連鎖の頂上にいる者にとっては、そのすべてを行なう価値があるほど収益が上がる。だがそのすべては、社会的・生態学的な意味で、本当に認められるものなのか？

集約的養殖業は天然資源を枯渇させ、伝統的な漁業を破壊しつつある。つまり「持続可能なサケの養殖」とは、私たちの批判的思考能力を麻痺させるために養殖業界とWWFが共同ででっち上げたおとぎ話なのだ。間違ったことをする正しい方法などない。大きなサメは、邪魔者をすべて食い尽くす。市民社会の利益を代表するために選ばれたはずの政治家は頼りにならず、多国籍企業にグローバル・ゲームのルールを自ら作ることを許してしまう。

どうやらWWFは、大胆な望みを抱いてサメどもと一緒に泳いでいるようだ。WWFの道徳心が彼らに影響して、サメどもを従順なベジタリアンに転向させるという望みだ。二〇一一年夏、ついにWWFはサケ養殖業界と合意し、養殖施設の認証プログラムを運用開始した。その名も、水産養殖管理協議会（ASC）。このプログラムの力で、公海での集約的養殖業はグリーン・エコノミー王国における崇高さのランクを高めたのである。

本書のための取材にあたり、沢山のWWF活動家たちとも話をした。彼らは自分に関心のある分野に関わり、できる限りベストを尽くしていた。一方で、彼らはWWFの国際パートナーシップについてはあまりよく知らなかった。そしてあまり多くを聞きたくないようだった。しかし世界中の海が、養殖槽の中の一種類の肉食魚のエサになるために獲り尽くされているという事実を知ると、すべてがバラ色というわけにはいかないのではないかと、少なくとも疑念は抱くようだった。実際、典型的な反応はこんな風だ。「そんなむごたらしい話など、詳しく知りたくない。私の関わるプロジェクトは公明正大だ。そして私はそのプロジェクトに全力を注いでいるのだ」。

ＷＷＦインターナショナルのある運営スタッフが私の取材に応じ、サケ養殖業者とのパートナーシップについて「恥ずべきことだ」と言った。だが彼の批判的な見解を公にするなど論外だ。そんなことをされたら、彼はこの高給の仕事を失うことになるだろう。彼はＷＷＦポリシーにおける「信頼性」の喪失が、社会学的発達のせいだと言った。つまりＷＷＦは大きくなりすぎた。そして金を集めるときに、その金の出どころをよく考えない。昔ながらの環境保護主義者は、ＷＷＦの上級職の地位から「追放されて」しまった。代わりその椅子に座るのはマーケティングのスペシャリストで、彼らは自然保護問題に対して「原則に基づいた」スタンスを取らないし、基本的に自分たちを資金調達係だと思っている。

ＷＷＦ内部の批判的な人たちは深いフラストレーションを感じているが、くすぶり続ける内部矛盾は、現在のところうまく表に出ずにすんでいる。たとえばドイツでは、ＷＷＦ活動家の多くは何年も原子力発電に反対の立場をとってきた。しかしあくまで一個人としてであり、表立ってＷＷＦと関係があるように振る舞えなかった。ＷＷＦインターナショナルは二〇〇二年になってようやく、原子力産業に別れを告げて公式に原子力エネルギーの段階的廃止を求める運動に加わったのだった〔訳注：二〇〇二年二月、シュレーダー政権は原子力法を改正し二〇二二年に原発を全廃するとした〕。

ＷＷＦとビッグビジネスとの密接な関係は、単にカネや認識の問題だけで説明できるのだろうか？　名前は明かせないが、倫理的な問題が原因で退職した元ＷＷＦマネージャーが、そこには大規模な寄付金への依存が高まっていることだけでは説明できない何かがあるのではないかと言った。彼女の見解はこうだ。

「ＷＷＦはピッツェリアに似ています。外からは、何もかもが清潔でキレイに見える。実際にピザを食べてみると、美味しい。認証有機栽培の材料でできていて。でもこの店では、本当に重要な取引はすべて店の裏側で行なわれている。私にはそれが恐ろしいですね」。

第五章　すべてはアフリカから始まった

ＷＷＦとその政治的役割を本当に理解するためには、イギリス帝国のカタコンベ〔訳注：地下墓地〕の奥深くまで入っていかなくてはならない。一九五〇年代と一九六〇年代にほとんどのアフリカ植民地を失ったことが弾みとなり、イギリス帝国は終焉を迎えた。アフリカはＷＷＦ誕生の地である。この物語の序章は、イギリスがセレンゲティを東アフリカで最初の自然保護区に指定した一九四〇年に始まる〔訳注：セレンゲティは、一九二九年に動物保護区、一九四〇年に自然保護区、一九五一年に国立公園に指定された。セレンゲティ国立公園は現在のタンザニア連合共和国の北部に位置する〕。その面積は北アイルランドに匹敵する。セレンゲティ指定に際して植民地政府は二つの主張を論拠に、本国が納得しそうな計画を立てた。一つめは、セレンゲティには大した鉱物資源がないということ。二つめは、この地域は雨があまり降らないし、ツェツェバエが沢山いるので、ヨーロッパ人定住者にとって魅力に乏しいこと。かくして、セレンゲティに「世界的な観光ブーム」が巻き起こった。

唯一の問題は、マサイ族〔訳注：ケニア南部からタンザニア北部の先住民族〕だった。何世紀もの間、セレンゲティでウシの群れと共に生きてきた先住民族だ。イギリス側は彼らに対し、その地に留まる法的権利を認めた。しょせん彼らは遊牧民にすぎない。土地を耕したり保護動物を狩ることはないのだから。マサイ族は安心した。だがマサイ族は、西洋の自然保護主義者や公園の白人レンジャーに気を許すことはできなかった。彼らは先住民族をただ軽蔑するだけだった。旅行者の多くもまた、「汚く」て「振る舞いの野蛮な」マサイ族が視界に入ることに不平を言った。

一九五〇年代に植民地政府は、マサイ族に自発的な再定住の道を与えるという新しい政策を導入した。だが族長たちはこの提案を拒絶した。ウシに草を食べさせたり川で水を飲ませたりするのに、こんな素晴らしい場所が他のどこにあるというのだ？　それに、そもそもこの土地は、彼らと彼らの先祖のものではないか。

自然保護主義者たちは政府への圧力を強め、英領タンガニーカ〔訳注：第一次大戦後にイギリス領となり一九六一年に独立、後にザンジバルと統合してタンザニア連合共和国と改称する〕の植民地政府は大英断を下した。セレンゲティ国立公園を五〇〇〇平方マイルから一八〇〇平方マイルに縮小するというのだ。つまり面積を狭めてやるからマサイ族は出て行けということだった。欧米で嵐のような抗議行動が巻き起こった。ところが、ドイツの野生生物保護主義者ベルンハルト・グジメク〔訳注：ドイツの動物学者。ベルンハルト王配とは別人〕が参加してきたことで、事態は急転回した。

徹底的なPRキャンペーンで、どんな状況も一八〇度転換させられるということを彼は世界に示した。フランクフルト動物園園長として有名だったグジメクは、そのセレンゲティ・ミッションを通じて現代の自然保護の、そしてWWFの、イデオロギー的お手本となった。

グジメクのミッション

ベルンハルト・グジメク教授は、息子のミヒャエルと共にセレンゲティの大型狩猟動物が移動する様子を空から観察した。彼は一九五六年にその観察結果を『動物たちは何処へ行く〔訳注：日本語版は林文彦訳。原題は Kein Platz für Wilde Tiere 動物たちにもはや生息地はないの意〕』という本にまとめた。この本には、こんな破滅的な言葉が記されている。「アフリカの野生動物は絶滅する運命にある」。彼の言葉に何ら科学的根拠はない。だがグジメクは、セレンゲティには人間が多すぎるため、森やステップが砂漠化するであろうと主張した。遊牧民族がその生活スタイルのせいで、自ら生きる場所の生態系を破壊していると彼は断言した。まったくの事実誤認。今日の優秀な科学者なら彼のことをそう言うかもしれない。たとえばケニアに住んでマサイ族を何年も研究した自然保護主義者デヴィッド・ウエスタン〔訳注：ケニアのアフリカ保全センター所長〕の意見はこうだ。「ここに依然としてこんなにも多くの野生動物がいる理由が、まさにこの遊牧民たちだ」[原注5]。だが門外漢の無知の方が、現場を見た専門家の経験よりも威力を持っていた。

一九五九年、ベルンハルト・グジメクは前作に続いて『セレンゲティは滅びず—地上最後の野生王国〔訳注：日本語版は前田敬作訳。原題は Serengeti darf nicht sterben 〕』を発表した。この本はベストセラーとなり、十七カ国語に翻訳された。息子のミヒャエルはこれを下敷きに同名の映画を制作した。映画はあっという間にオスカー賞にノミネートされた。グジメクが一番言いたかったのは、セレンゲティを守りたいならマサイ族は出て行け、だった。人間がいないからこその自然。西洋エリートが唱える自然の神格化の呪文を、彼ほど絶妙な方法で具体的に表現し、広めた者はいなかった。グジメクは人種差別的な色合いの濃い考え方を、善意あふれる格式ばった言い回しで隠した。「われらヨーロッパ人は、黒人の兄弟たちに彼ら自身のポジションを見極めることを教えなければならない。それは、われらが彼らより年かさで賢明だからではなく、われらの犯した罪と過ちを彼らに繰り返させたくないからである」[原注6]。一般大衆とハリウッドは喝采した。一方イギリス植民地政府は、『セレンゲティは滅びず』の発表直前に、この窮地から抜け出そうと試みた。

一九五八年、植民地政府は、セレンゲティから「自発的に」出て行くことに合意させる書類をマサイ族の族長たち提示し、サインを求めた。三十年後、『ニューヨーク・タイムズ』記者レイモンド・ボナーは、わずかに生き残った当時の署名者の一人を見つけ出した。彼の名はテンデモ・オレ・キサカ。老人はボナーに、どんな風に合意書への「サイン」が行なわれたかを語った。「サインしろと言われた。何のためか、説明はなかった。族長は皆、読み書きができない」彼は、ニヤッと笑ってこう付け加えた。「お前たち白人は手ごわいな」[原注7]。

そうしてセレンゲティに四千年間暮らしてきた民族は、追い出された。血なまぐさく、残忍な作戦が決行され、十万人のマサイ族は故郷を失った。支配階級の猛獣ハンターと自然保護主義者という二つの顔を持つ者たちは、ドイツの動物園園長がその計画を遂行するのを遥か遠いロンドンから傍観していた。グジメクのセレンゲティ一掃キャンペーンは、おそ

切手になったベルンハルト・グジメク

らくエリートOBクラブを触発したのだろう。やがてグジメクの手法に倣って、彼ら独自のやり方が編み出された。もっとずっと大きなプロジェクト、WWFを設立したのである。それは、ウィルダネスを守り抜くための国際組織だった。

ほとんどの先住民族の言語に、「ウィルダネス」に当たる言葉はない。彼らが糧を得る植物や動物と同じく、彼らはただそこに存在する。「環境〔訳注：environment〕」はすべての生命の物質的基本である。地球上の先住民族は、ウィルダネスをわざわざ破壊しようなどと夢にも思わない。彼らの「自然保護」は、人と自然の一体化の有機的副産物である。一方、西洋の自然保護主義者にとって、「原生林」という概念は郷愁を誘う。失われた楽園の夢だ。言うまでもなくヨーロッパ人や北米人は、自分たちの原生林を完膚なきまでに絶滅させて久しい。集団的に抱く潜在的な罪の意識が今、南半球に残る最後の「楽園」を守ろうと私たちを突き動かす。そのやり方を先住民族がどう思おうと気にしない。先住民族と大部分の西洋人自然保護主義者は、同じ言語を話さない。

自然保護を理由にした先住民族の立ち退きは、アメリカ人の発明だ。最初に導入されたのは、一八五一年カリフォルニアのヨセミテ・バレーだった。ピーター・バーネット州知事が、谷に住むインディアンを「絶滅戦争」で脅かした。その計画を引き継いだジェームズ・サベージ少佐は、知事の以下の声明の意を汲み、それを厳密に体現した。「サタンが楽園に入り込み、手当たり次第に悪事を働いた。私はこのインディアンの楽園で、古いサタンよりも大きな悪魔となるつもりだ」[原注8]。

この一方的な戦いからなんとか生き残ったネイティブ・アメリカンもいた。だがその後、ナチュラリスト、ジョン・ミュアーが現われ、その生き残りも片付けられることになった。彼は世界最初の自然保護団体シエラ・クラブの創設者である。ミュアーは自然探索の最中にヨセミテ・バレーのことを知った。彼もまた、そこに住む先住民族に嫌悪感を示した。彼は先住民族が「不潔」だと思い、彼らの食習慣を嫌った。果物や野菜の他に、ハエやアリでタンパク質を補っていたからだ。ジョン・ミュアーはワシントンの連邦政府に対し、「あんな下等な生き物」を排除してヨセミテ・バレーをアメリカの国立公園として指定するように圧力をかけた。インディアンはただの通りすがりの「遊牧民」で、谷に定住しているわけではないと言い続けた。これは完全に歴史の歪曲だった。約四千年間にわたり、ヨセミテ・バレーはミウォク族、ヨークッツ族、パイユート族、アーワーニーチー族〔訳注：いずれも、ネイティブ・アメリカンの部族名〕の文化の息づく場所であり、その平原や草地は豊富な果物や薬草に恵まれた食用植物の宝庫であった。

一九六四年、アメリカで原生自然法が可決され、人の手の及ばない自然の楽園というロマンチックなフィクションの法的な地固めができた。この法律の条文は、ウィルダネスを「大地と生物コミュニティが人間によって踏みにじられていない地域、人間は単なる来訪者であり人間がそこにとどまらない地域」と定義している。ヨセミテ国立公園は、WWFやコンサーベーション・インターナショナルなどの大手の自然保護団体にとってのモデルとなり、彼らは世界中にそのスキームを広めた。WWFが設立されて以来、国立公園イデオロギーを駆使して、自然保護の名の下に大規模な再定住が遂行されてきた。これまで世界中で推計二〇〇〇万人がこうした再定住の犠牲になってきた。これらの自然保護難民は、ファースト・ネーション〔訳注：イヌイット、メティ以外のカナダの先住民族〕、黒人先住民族、アディヴァシ、ピグミー〔訳注：本章で後述〕、ダヤク族〔訳注：第六章参照〕、パプアの先住民族など、一人の例外もなく有色人種である。

フィリップ王配登場

WWF設立の最後の衝撃は、ジュリアン・ハクスリー卿がもたらした。彼は進化生物学者で、イギリス優生学会の会長でもあった。彼の考えは、「人類の拡大より、人類以外の生物種の保全が優先する」[原注9]であった。どうやらこの言葉は、「拡大」に向かっている人類が黒人である場合に適用されるらしい。ハクスリーはまた、王立国際問題研究所にも籍をおいていた。人口コントロールを扱う国際政策のシンクタンクである。そして植民地を失ったイギリス帝国が、どうすれば長期的に天然資源を確実に手に入れられるかを研究する組織でもあった。

一九六〇年、ハクスリーは国立公園の様子を見るためにアフリカに向かった。貴重な狩猟動物のいる公園の面積が、国の総面積の二〇パーセント以上を占めている国もあった。ハクスリーはアフリカ東部・中央部・南部を三カ月で見て回り、未熟な黒人政府が動物保護区や国立公園を荒廃させているという結論に至った。彼は自分の観察結果を記事にまとめ、その記事は『オブザーバー』紙に掲載された。記事の中で彼は、ケニア、タンガニーカ、ローデシア〔訳注：ザンビアとジンバブエを合わせた地域の名称〕では、野生生物が消滅したも同然であると主張した。「保護地域全体で、耕作地は拡大し続け、野生生物を犠牲にしてウシが繁殖し、密猟は増加し、より組織的になっている。……広大な面積が過放牧のために半砂漠化へと向かっている。そして何よりその背後で、人口増加が限られた土地を容赦なく厳しい状況に追い込んでいる[原注10]」。

ハクスリーはマックス・ニコルソンに助けを求めた。ニコルソンは、イギリスのネイチャー・コンサーバンシー〔訳注：イギリスの政府機関。現在の名称はEnglish Nature. アメリカのNGOザ・ネイチャー・コンサーバンシーとは無関係）の創設者であり、この問題に対し、同じように心を痛めていた。「アフリカ政府の下では、自然保護の前途は完全に閉ざされるだろうと私たちは感じている」[原注11]。この二人に、高名な鳥類学者ピーター・スコットが加わり、彼らはアフリカに残されたウィルダネスの楽園を守るための組織を作ろうと思いついた。白人が自分たちのものだと主張する楽園を守るために、強大な資金力を持ち、構造的支配を利用できる超国家的組織を。

　一九六一年春、ヨット・セプター号でセーリングの最中、ピーター・スコットはエジンバラ公フィリップ王配殿下に、新しい団体の総裁になってくれないかと尋ねた。二〇一一年二月、私の同僚ティベット・ジンハーが私たちの映像作品「パンダたちの沈黙」の取材のため、バッキンガム宮殿でフィリップ王配にインタビューをしたとき、王配は最終的な会話がヨット上で行なわれたか陸でだったか思い出せなかった。しかし彼は、ピーター・スコットからの総裁就任の打診については鮮明に覚えていた。そして彼自身、WWFの設立に協力していたという事実も。ああ、幸せな栄光の昔日よ！　彼の澄んだ瞳は喜びに生き生きと輝いた。WWFはフィリップ王配のライフワークだ。彼が、女王の配偶者としての役割を気にせず、のびのびと活動できる唯一の公の場所だ。

　フィリップ王配はいかにも上流階級らしく極めて無駄なく、設立にまつわる話を要約した。「ピーター・スコットはこう言ったんだ。『こういうものを立ち上げるんですが、総裁になってくれませんか？』私はこう答えた。『そうだね、イギリスのやつなら総裁になってもいいが、国際組織じゃダメだな』と言うのも、たまたまそのとき、国際馬術連盟の総裁だったもんでね。私はこう言った。『一度に二つの国際組織の総裁はできないよ』。だが、オランダのベルンハルト王配が野生動物と自然保護に大変興味があるのを私がたまたま知ってたもんで、しかも王配がたまたまクラリッジス〔訳注：ロンドンの高級ホテル〕に泊まっていたので、君、ちょっと行って聞いてごらん、なってくれるかもしれないよと言ったんだよ。それで、彼はベルンハルト王配のところに行ったんだよ」。

実際、ベルンハルト王配は総裁になることに合意し、その業務に心の底から打ち込んだ。彼と、その仲間のWWF設立者たちは、彼らのコントロールの下でケニアから南アフリカまで切れ目なくつながる超国家的公園システムを作ることを夢見た。一九六一年九月十一日、イギリス帝国最後の動乱のさなか〔訳注：一九六一年に、シエラレオネ、英領カメルーン、タンガニーカが独立し、南アフリカ連邦はイギリス連邦から離脱して南アフリカ共和国になった〕にWWFは誕生した。本部はスイスのグラン、レマン湖のほとりにおかれた。

サイのゲルティ

WWFがアフリカの国立公園をとびきり上等なものにするためには、多くの資金、つまり金持ち慈善家と一般人からの寄付金が必要だった。平均的労働者から気前よく寄付をもらうために、WWFのPR担当者はコマーシャル戦略を考え出した。副総裁に任命されたピーター・スコットは、これを「ショック作戦」と呼んだ。広告会社メイザー・アンド・クラウザーは、動物虐殺の恐ろしい写真を求めて世界中を探し回ったことだろう。その結果は、WWFのパンフレットに「世界の野生生物を救え」というタイトルで掲載された。

メッセージを一般民衆に効果的に広げるために、WWFは『デイリー・ミラー』紙と契約した。同紙は当時、購買部数が五〇〇万を超えていた。一九六一年十月九日、同紙の特別号が新聞スタンドに並んだ。

六ページの紙面は、WWFパンフレットから選りすぐったむごたらしい写真でぎっしりだった。一面にはお母さんサイのゲルティと赤ちゃんの写真がこれ見よがしに掲載され、読者の良心にアピールする劇的な文句が添えてあった。「地球上から消え去る**運命……今すぐ行動を起こさなければ**、このサイの親子のような動物たちはドードー〔訳注：インド洋、モーリシャス島に生息していた鳥。現在は絶滅している〕のように死んでいくでしょう」。絶滅のイメージキャラクターである可哀想なドードーは、人々の同情を掻き立てるのに効果的だった。

ショック療法は、大成功だった。四日間で二万人が、絶滅の危機に瀕する動物を救うためにWWFに寄付をした。汗水たらして稼いだ金が、本当にゲルティとその仲間たちを救うために使われると信じて。しかしイギリス人ジャーナリスト、ケヴィン・ダウリングの調査によれば、WWFはこの最初の資金集めキャンペーンの収入を、絶滅寸前のサイを救う事業には一ペニーも使っていない。WWFの資金は、このあと十二年たって初めて、ようやくサイを救うための取り組みに使われることになったようだ。[原注12]私はこのことをもっと深く掘り下げたいと思い、WWF南アフリカにコンタクトを取った。だが取材は拒否された。

寄付者の好意につけこんだことに、WWFは良心の呵責を感じなかったようだ。それどころか、動物たちの窮状を訴えて人々の同情を利用したことに対し、反省のかけらもなかった。この最初の大規模寄付金集めの直後、WWF設立者の一人マックス・ニコルソンがチューリッヒ〔訳注：スイス最大の都市。チューリッヒ州の州都〕で開催されたWWFのイベントで、キャンペーン・マネージャーたちの前で講演をしている。この内容に、その明らかな証拠が見て取れる。ニコルソンは、無邪気に興奮してこう言った。「したがって、世界の野生生物の緊急事態を訴えるために宣伝を使うことの有効性、そしてそれを効果的な資金集めに転換する可能性について、私たちの判断が正しかったと立証されたのです[原注13]」。

この策略があまりに効果的だったため、WWFは今日までほとんどやり方を変えずにその手を使い続けている。「カリスマ」動物のリストから、毎年違う主役に世間の耳目を集める。トラ、クジラ、ゾウとその仲間たちが、一般人の心の琴線をかき鳴らすために順番に利用される。

血管を流れる石油

一九六二年、オランダのベルンハルト王配は、WWFインターナショナルの総裁に就任し、大口スポンサーとして自分の旧友ジョン・H・ラウドンをWWFに招き入れた。ラウドンは石油化学企業ロイヤル・ダッチ・シェルの会長で、WWFにとっては金のなる木だった。だが同時に、他の自然保護団体との新たな軋轢のもとともなった。当時シェルは、有機塩素系農薬のパテントで大儲けしていたからだ[原注14]。

それと同じ年の一九六二年、まさにその農薬が野生動物に極めて有害だと、複数の科学雑誌が発表した。シェルの農薬を使用した穀物や種子を鳥がついばんで、大量死する事故が繰り返し起こった。シェルはその事実に対して真面目に反省するどころか、子飼いの科学者に書かせた反論の一斉射撃で対応した。

シェルはこの不愉快な真実を払いのけるために、全面的にWWFの助けを借りようとした。ベルンハルト王配自身が、シェルの責任者ジョン・H・ラウドンから受け取った論文をWWF理事会で配布したのだ。その文中で、ラウドンはこの有害物質に対する批判をしないでほしいとWWFに要求した。彼はその農薬の「人類にとっての有用性」を強調した。その農薬で世界の飢饉を防ぐことができるというのだ[原注15]。

著名な野鳥愛好家ピーター・スコット卿はただ一人、そのWWF首脳会議においてシェルの厚かましい主張に異議を唱えた。ピーター卿は「拝金主義」と「自然環境への完全な無関心」が地球上の生命にとって最大の脅威になると言った。だが彼も最終的には、大スポンサーのシェルに対する批判をWWFに求めなかった。この問題の結論は先送りすることになった。実際、WWFはその後、何年間もこの問題に沈黙を守った。その沈黙は一九七〇年代半ばまで続いた。都合の良いことに、この農薬問題は勝手に解決してしまった。その頃までには、アメリカを初めとする地球上のほとんどの国で、この農薬は禁止になっていた。

その後何年も、WWF執行委員会では「無責任な」企業の寄付を受け取っていて良いのかについて、繰り返し論争があった。長期にわたって考えた末、ようやく一九八〇年代初頭に、委員会は最終的な結論を下した。厳格にしない方が良いだろうという結論だった。一つ一つの企業のモラルを判断するのは「不可能に近いほど困難」だからだ。ある日の執行委員会の議事録によれば、あるメンバーが前例として、あろうことか教会を引き合いに出してこう言った。「罪人からの寄付を拒否する教会はないのではないだろうか」[原注16]。

農薬スキャンダルの三年後、石油多国籍企業との関係はさらに緊密になっていた。一九六六年、その頃までにはシェルの最高責任者を退任して取締役会会長になっていたジョン・H・ラウドンは、WWFインターナショナルの執行委員会の委員に就任した。ベルンハルト王配の推薦だった。この石油企業は世界最大の自然保護団体の環境戦略に、以前にも増して直接的な影響を行使できるようになった。だがわずか一年後に、彼らはこの報いを受けることになる。

一九六七年三月十八日、石油タンカー、トリー・キャニオン号がイギリス海峡で座礁した。ブリティッシュ・ペトロリアム（BP）がチャーターしたスーパータンカーの船体は、真二つに折れた。イギリスとフランスの海岸線は、二〇〇キロメートルにわたって流出した大量の原油で汚染された。戦後初めての原油漏れ事故だった。一万五〇〇〇羽もの水鳥が苦しみながら死んでいった。石油産業は、世間から集中砲火を浴びた。WWFだけは、礼儀正しく自重していた。WWFインターナショナル執行委員会は、他の環境保護団体とは別行動をとる、つまりBPなどの批判をしないと決定した。「特にアメリカにおいて、特定の産業にアプローチしてさらに資金集めを行なう際に差し障りがあるため」[原注17]だった。WWF幹部たちは、一つだけ譲歩した。イギリス支部が「水鳥アピール」をすることを許したのだ。このアピールで、五〇〇〇ポンドの寄付が集まった。この金で鳥たちの油をおとし、自然に帰るお手伝いをした。WWFは、企業パートナーが起こした大混乱のお掃除役を買って出たというわけだ。これが未来のビジネスモデルなのだろうか？

旧友たち

一九七五年、アメリカで武器製造会社ロッキードの不正支払い疑惑を調査するために、フランク・チャーチ上院議員を委員長とする上院小委員会が召集された。公聴会において、ロッキードのオライオン・ジェット戦闘機をオランダが発注する見返りとして、同社がベルンハルト王配に賄賂を贈っていたこともわかった。一九七六年八月にオランダ政府が独自調査した報告書で、同国も汚職があったことを認めている。

ベルンハルト王配はあまりにも明白な証拠を残していたため、いくらなんでも否認するのは愚かなことだった。証拠の中には、二〇〇万ドルの手数料を要求する同社への手書きの手紙もあった。それは高すぎるとロッキード幹部たちは言い、ロジャー・ビクスビー・スミス〔訳注：ロッキードの法律顧問〕をオランダに派遣した。スーストダイク宮殿〔訳注：ユリアナ女王とベルンハルト王配の公邸〕で王配と会い、彼らはある妥協案に合意した。オランダがオライオン・ジェット戦闘機を少なくとも四機発注することを条件に、ロッキードはベルンハルトのために一〇〇万ドルをジュネーブの匿名口座に振り込むことになった。この話が明るみに出ると、ベルンハルト王配はこの金がすべて良い目的に使われたと言い訳した。WWFという意味だ。しかし彼がそれを証明することはできなかった。

一九九五年、イギリス人ジャーナリスト、ケヴィン・ダウリングがWWFの歴史を調査しているとき、ベルンハルト王配が一九五九年からロッキードのロビーイストとして活動していたことをつきとめた。収賄スキャンダルよりもずっと前からということだ。ナチス時代からの旧友マックス・イルグナー博士が、コンタクトを仲介していた。悪名高き化学会社IGファルベンの役員会メンバーであったイルグナーは、戦争犯罪で服役し、その後ロッキードに入社した。IGファルベンでは、彼は特にNW7オフィス〔産業スパイ〕を統括していた。彼の部下の一人がリッペ・ビースターフェルト侯子〔訳注：ドイツの貴族、リッペ・ビースターフェルト伯家の子孫〕ベルンハルトだった。彼はパリ支社でアシスタント・マネージャーとして働いていた。[原注18]

一九三七年、王配は同社を離れ、オランダ王女ユリアナと結婚した。ベルンハルト王配はIGファルベンのスパイだっただけでなく、ナチスのエリート騎兵連隊ライターSSのメンバーでもあった。彼がオランダでひた隠しにしていた経歴である。

一九七六年にロッキード・スキャンダルが発覚すると、ベルンハルト王配はWWF総裁として支持されなくなり、執行委員会の要請で退任した。ロイヤル・ダッチ・シェル取締役会会長である友人ジョン・

H・ラウドンが、王配の後釜におさまった。WWF本部は戦々恐々としていたが、オランダのロッキード・スキャンダルで減った寄付金額はわずかだった。こんな汚職事件くらいで、真のパンダ信奉者の信頼は揺るがなかった。

ベルンハルト王配の政治的遺産は、いろいろな意味で今日もWWFのスタイルや内部文化に影響を与え続けている。たとえば、王配は秘密の社交界に目がなかった。彼は長い間トップシークレットだったエリートのためのビルダーバーグ会議〔訳注：政治家や多国籍企業の代表、ヨーロッパの王族など約一三〇人が国際問題について討議する完全非公開の会議〕を発足させただけでなく、1001クラブとして知られるWWF秘密組織も創設した。王配はまた上流階級専用の栄誉システムを導入し、この現代的組織のエリート主義的自己イメージの維持に一役買った。

WWFで最高の栄誉は、「世界の動植物保護に特別の貢献をしたと認められた」「ゴールデンアーク勲章」である。実際には特別の貢献をしていないが次のパンダボールにどうしてもこのメダルを掛けて行きたいという人は、最低一〇万ドルの寄付をすれば良い。ローレンス・スペルマン・ロックフェラー〔訳注：投資家、企業家。石油王ジョン・ロックフェラーの孫〕のような美しいものを愛する大金持ちは、寄付金だけでメダルを手に入れる。

WWF栄誉ランキング第二位、「傑出した自然保護主義者のための金メダル」は、もう少し安く手に入る。WWFは、このメダルの材料のゴールドに代金を払う必要すらなかった。南アフリカ商工会議所が寄付してくれたからだ。このメダルの受賞者は、その努力に対してロレックスのゴールドの腕時計も贈呈される。

金メダルとロレックスの最初の受賞者は、ベルンハルト・グジメク教授だった。彼は１００１クラブのメンバーでもある。フランクフルト動物園の園長は、ＷＷＦのロマンチックな魂を誰よりも体現していた。彼は年がら年じゅうテレビや映画に主演し、慈善家として視聴者に野生の呼び声のごとき耳障りな声を聞かせ続けた。ＷＷＦのイメージキャラクターがグジメクの重要な役回りだったが、１００１クラブのメンバーとしては異例の存在だった。他のメンバーはほとんど大金持ちの事業家で、ウィルダネスの呼び声よりは現金の呼び声に応えている者ばかりだった。そうしたグローバル・プレーヤーたちは、自然保護とビジネスの調和をどのようにとっていくかを心得ていた。たとえば、パリで生まれ、スイスで教育を受け、イギリス国民でありながらスイスに市民権を持つ、億万長者にして先祖代々の宗教指導者、サドルディン・アガ・カーン王子がそうだ。アガ・カーンもＷＷＦ秘密クラブのメンバーで、同時にＷＷＦインターナショナル副総裁だった。彼の由緒正しき強大な一族は、アフリカ諸国に何十億ドルもの投資をしてきた。そうした事実は、ＷＷＦの権力基盤や非公式な政治ネットワークに傷をつけるものではなかった。

タンザニアのンゴロンゴロ・クレーターの二五〇平方キロメートルに及ぶ平原には、何千頭ものゾウ、バッファロー、サイ、フラミンゴ、ライオンが生息する。このクレーターはまさにエデンの園だ。「世界の八つめの不思議」としても知られている。セレンゲティを追い出されたマサイ族は、ここに再定住を許された。クレーターがマサイ族のウシのための塩と水を提供してくれた。大規模再定住の二年後、タンガニーカは独立した。

タンガニーカとザンジバルとの統合で生まれた新興国タンザニアで、ＷＷＦの白人職員たちは権勢をふるった。彼らは国立公園をコントロールし、国立公園の保護のために西洋諸国や国際自然保護団体からアフリカに流入する資金をコントロールした。自然保護ロビーは、マサイ族を新たな定住エリアから再び強制移住させようと、この新興国政府に執拗に圧力をかけた。ンゴロンゴロ自然保護区は過放牧だ、マサイ族は水を使いすぎる。自然保護主義者たちはその目的を達し、一九七四年にマサイ族はまたしても強制的に立ち退かされた。

政府はンゴロンゴロ地区に軍隊を送った。軍隊は人々を住居から追い出し、彼らが見ている前で住居を焼き払った。[原注19] 兵士たちは、村の中心的存在である家畜の囲い地クラールを開け放った。そして家畜の群れをクレーターの外へと追い出した。本能でクラークに戻ってきたウシは、銃で撃ち殺された。抵抗したマサイ族はこん棒で殴られ、投獄された。

マサイ族が居住していた泥壁の小屋がなくなったとたん、観光ビジネスが即座にやって来て巨大テントの建つキャンプ場を作った。これで何千人もの旅行客を収容することができる。シエラ・クラブなどのプロモーターは、欧米の「キャンパーたち」に豪華なテントを提供し、羽毛マットレスのベッドや熱いシャワーや氷のように冷たいビールで歓待した。氷は発電機を使って作られ、その発電機は夜も昼もクレーター中にすさまじい騒音を響かせた。もはや水不足のことなど、問題にされなかった。

一九九二年、やっとのことでタンザニア政府はクレーター盆地でのキャンプを法律で禁止した。それはンゴロンゴロ自然保護区にとっては大勝利だったが、あまりにも犠牲の多い勝利だということがやがてわかった。その後まもなく、ある有力投資家が保護地区のど真ん中、クレーターのへりに豪華ホテルを建てようという計画を持ってやって来た。公園管理当局はこの提案を拒否したが、大統領はそれを却下し、そのプロジェクトに特別許可を出すよう公園管理当局に命じた。その投資家とは誰あろう、タンザニアの特別な「友人」、すなわちイスマーイール派ムスリム〔訳注：八世紀に起こったイスラム教シーア派の一派〕の流れを汲む「導師《イマーム》」、カリム・アガ・カーン四世殿下だった。彼はWWF1001クラブメンバーにしてWWF副総裁サドルディン・アガ・カーン王子の甥である。

自然保護区の役人たちは、お偉いさんにひれ伏すしかなかった。生態系にダメージがあるのは目に見えていた。一九九六年にセレナ・サファリ・ロッジのグランド・オープン式典が開催されると、サファリ観光がブームとなった。ピークシーズンは一泊六三〇ドル、ウィルダネスのど真ん中であらゆる快適な条件が揃った豪華ホテルに滞在できる。そして一日一五〇台のジープがクレーター中で唸りを上げた。目的は単なる猛獣の写真撮影だ。サファリでスリルを味わったら、今度はクレーターのへりでライブ・エンターテイメント付きの午後のお茶だ。伝統的な赤いケープをまとったマサイ族の戦士が、上流階級のお客様に民族舞踊を披露する。ホテルは「伝統的マサイ族の村」への見学旅行を提供する。気高い遊牧民たちは、観光業の施しで生きる、踊る物乞いとなった。

アガ・カーンのホテルと、その近くにその後できたホテル、ンゴロンゴロ・ソパは、大量の水を消費する。クレーターから淡水を組み上げて、サービスに供する。その結果、クレーター内の塩湖から地下水に塩分がどんどん滲み出してきた。クレーター内の森は今、塩類化のせいで死にかけている。しかしツアー客は責任を感じる必要などない。この危機の責任は、またしてもマサイ族の肩に堂々と乗せられたからだ。彼らはウシに水と塩をやるために、一日一回しかクレーターへの立ち入りを許されていないというのに。マサイ族の三度目の再定住が、すでに議論されている。アガ・カーンのホテルからそう遠くないクレーターのへりに、自然のままの石でできたピラミッドが立っている。墓地の目印だ。ここに、ベルンハルト・グジメク教授と息子ミヒャエルが埋葬されている。セレンゲティ・クルセーダー〔訳注：十字軍。正義の味方の意〕はもういない。だが彼らの精神は今も生き続けている。

恥ずべき過去

ＷＷＦ内部の聖地に侵入する部外者は誰でも、莫大な代償を支払うことになる。イギリス人ジャーナリスト、ケヴィン・ダウリングもそうだった。自然を撮影した映画で有名になった彼は、一九九〇年に１００１クラブの会員名簿を含むＷＷＦの内部文書を手に入れた。そして彼は、本当に高い代金を支払うことになった。ＷＷＦのアフリカでの隠れた活動を紹介した彼の映像作品「サイの秘密」は、日の目を見なかった。彼の取材結果はイギリスのテレビ局チャンネル４《フォー》のアーカイブへと姿を消した。ダウリングの経歴はズタズタにされた。「私は将来を失った。ＷＷＦは強大な権力とのコネを持っていた」。ダウリングがプロとしての足場を再び固めることはなかった。つらい日々の末に、二〇〇八年に病気でこの世を去るまで、ずっと地方紙に記事を書いて生計を立てていた。しかし彼はすぐれたジャーナリストだ。自分の発見を世に知られぬままにしておくわけはなかった。彼は秘密の文書の写しを取り、いつか再び確実に世に出るように策を講じた。

私がケヴィン・ダウリングの足跡をインターネットで知ったのは偶然だった。オランダの新聞『アルヒェメーン・ダーフブラッツ』の二〇〇〇年一月十七日の記事が私の目を引いた。Ｊ・Ｇ・Ｇ・ヴィルハーシュという弁護士がＷＷＦとの裁判で勝訴したという内容だった。彼は法的報復も恐れずに、ＷＷＦに対して「犯罪的組織」という言葉を使っていた。オランダのフスにいるこの弁護士に、私は電話をかけた。

彼はすぐさま熱心に話し出した。「以前、WWFは犯罪的活動を行なうために自然保護という隠れ蓑を使っていました。WWFとつながりのあるゲリラが、南アフリカでアパルトヘイト体制に反対した人々を殺害したと言われているのを知っていますか?」しばらくの間、私は受話器を持ったまま真剣に考えた。フスの立派な弁護士が自分の妄想を口走っているのか。しかし彼の告発が間違っていたなら、なぜ彼は勝訴したのだ? 私は彼に、その主張をビデオカメラの前で繰り返し、それを裏付ける証拠を提供してもらえるかと尋ねた。ヴィルハーシュはためらってからこう答えた。「もちろんいいですよ。しかし私より、もっとよく知っている人がいます」。それはルネ・ズワープだった。彼はアムステルダムの中心部の駅のそばに住んでいた。ヤンという名前の、すきま風の入る騒々しい中華料理店で、約束通り私は彼と会った。

ルネ・ズワープは四十歳代半ばで、猫背気味のやせた男だった。ボサボサの髪に、メタルフレームのメガネをかけていた。彼は店にいた中国人ウエイター一人一人に、名前を呼んで挨拶した。テーブルに北京ダックがおかれるまでの間に三本もタバコを吸い、自分の経歴をざっと話した。彼は今、『パブリック・アフェアズ』というオンライン・ニュースの編集をやっている。その前は、辛口週刊誌『デ・フローネ・アムステルダマー』に記事を書いていた。今は、オランダ軍の歴史に関するドキュメンタリー映像二本と、ベルンハルト王配に関する本の仕事で忙しい、と彼は言った。

人気者のユリアナ女王の傍らにいたドイツ人プリンスに、ズワープは非常に興味を持っていた。「ベルンハルトは、一般に考えられているよりもずっと大きな影響力をオランダの歴史に及ぼした。私は以前、あるオランダの新聞に記事を書くために、彼のIGファルベン時代のことを調べた。ベルンハルト王配はそれを嗅ぎつけて、新聞の発行者を呼びつけた。彼らは雑談をし、発行者はすっかり手なづけられてしまった。その後、上司がベルンハルト王配から来たというハガキを私に見せた。裏にはこう書いてあった。『何だって、あの生意気なヤツをまだ雇っているんだ』」。

ルネ・ズワープは、王配の経歴に不名誉な部分があることを発見した。「一九九七年にジャーナリストのケヴィン・ダウリングを訪ねてイギリスに行った。彼がベルンハルト王配のライターSS時代の身分証のコピーを持っていると聞いたからだ。彼は本当にコピーを持っていて、私にそれをくれた。見返りは求めなかった。そんなことより、彼は自分の知っていることをすっかり話してしまいたいようだった。私はとっさに、それがとても重要なものだと悟った。それで、八ミリでそのときの会話を録画した」。

その画質の悪いビデオは、少しくたびれた保守的イギリス紳士の代表のようなケヴィン・ダウリングを映し出した。彼はグレーの細縞のスーツに赤と茶の縞のネクタイを締めて、本棚やら陶器の人形やら小さなゴムの木やら、その他、安物の骨董品などをバックに、ひじ掛け椅子に腰掛けていた。彼は五時間もWWFとの戦いについて語った。結局彼は、WWFに大敗を喫した。そのビデオは、敗れ去った英雄の遺産だ。

一九八九年、彼は猛獣狩りの動物たちの運命を追ったドキュメンタリーを制作した。「エレファント・マン」というタイトルで、アフリカの密猟者によるゾウ一〇〇万頭の虐殺を扱った映像作品だ。視聴した人々は深く心を動かされ、WWFに寄付が押し寄せた。記録的な金額だった。「私は虐殺されたゾウの頭数をWWFから聞いた」とケヴィン・ダウリングは言った。「撮影していたときから、すでに疑いを抱き始めていた。ケニア、ザンビア、タンザニアなどのアフリカの人々は、ゾウを一〇〇万頭も殺せるほどの武器をどこから手に入れるのだろうか。映像を撮り終える前に、この数字は間違っていると私は気づいた。WWFはもっとよく知っているに違いない。彼らは、密猟にもっと厳しい規制をすべきだと一般の人が思うように、私に間違った数字を教えた可能性があると思った。そうこうしながらも、私はドキュメンタリーを完成させた。そしてＷＷＦは、私に賞までくれた。だが私の疑いは深まった」。

ケヴィン・ダウリングは、もう一度アフリカに向かった。だが今度はＷＷＦの秘密を暴くことが目的だった。一九九二年、イギリスのテレビ局ＩＴＶが、ドキュメンタリー番組「パンダに一〇ペンス」でダウリングの調査結果を放送した。ＷＷＦの植民地時代の前歴が批判的に扱われるのは、初めてだった。番組は一度しか放映されず、やがてテレビ局のアーカイブへと消えていった。私は試写用のフィルムだけでも手に入れたいとＩＴＶに掛け合ったが、無駄だった。たった一回の放送から二十年も経過しているというのに、この番組は依然として厳重封鎖されていた。私は調べ続けたが、この件についてはツキに見放されていた。あらゆるライブラリーや映像アーカイブを調べたが、フィルムはどこにもなかった。どうやらＷＷＦのお仲間の政治家やメディア関係の皆さんが、ＷＷＦ批判の火種になりかねないこの映像を、跡形もなく消し去ってくれたようだ。とりわけ重要なのは、彼が寄付金横領の具体的な証拠を手に入れていたということだった。ズワープのカメラの前で、ケヴィン・ダウリングは書棚からリングファイルを取り出し、開いた。そこにＷＷＦの内部文書『フィリップソン・レポート』がおさまっていると彼は言った。

ケヴィン・ダウリング　1997年

一九八七年、ＷＷＦはオックスフォード大学の経済学者ジョン・フィリップソンに包括監査を委託した。ＷＷＦの運営担当者はおそらく、その調査にあまり気乗りがしなかったことだろう。だが南アフリカのタバコ王、アントン・ルパート〔訳注：第八章参照〕の希望で、監査は進められた。ダウリングによれば、ルパートはＷＷＦ事務局長のサラリーを自分のポケットマネーから支払っていたため、このようなことを要求できる立場にあった。このこともまた、ＷＷＦの長年の秘密として厳重にガードされていた。ルパートは、ＷＷＦの数々の国際プロジェクトが実際に効率的に行なわれているかどうか、そして、運営状況をどのように改善できるかが知りたかった。

監査の結果は、とてもわかりやすいものだった。ＷＷＦの長期的な実績は「ほとんどなかった」。そして、発展途上国において地元スタッフを差別的に遇し、「自己中心的で新植民地主義的」であると批判された。「地元スタッフたちは、現地での自然保護活動について相談されたり、情報を与えられることがないと、腹を立てていた」。そしてレポートは、ＷＷＦの財政状況について「悲惨である」と評した。その当時ＷＷＦ総裁だったフィリップ王配だけは、監査人であるフィリップソンに「遺憾な点が多い」くらいに評価を和らげろと圧力を加えることができた。だがプロジェクト会計、そしてそのもととなる寄付金の配分に対するフィリップソンの裁定は、痛烈であった。「スイスのプロジェクト会計ファイルに入念な監査を行なえば、間違いなく恥ずべき過去の秘密の数々が曝露されることになるだろう」。報告文書のないプロジェクトがごまんとあった。資金の配分先について記録が何もない現地プロジェクトもあった。

フィリップ王配は、ＷＷＦ事務局長シャルル・ドゥ・アスに怒りの手紙を書いた。「こんな厄介なことになるなんて知らなかった！　どうやったって面倒なことになるじゃないか。報告書を完全に公開しなければ、『隠蔽』していると非難されるだろう。すべて公開すれば、中傷好きな連中が大はしゃぎだ」[原注20]。

フィリップ王配はWWF執行委員会に対し、この極めて危険なレポートの公開を見合わせるように助言した。最終的に、全二〇八ページの監査報告のうち、なんとたったの九ページだけが公開されることになった。フィリップ王配は、監査結果が公になれば寄付金が減るのではないかと心から恐れた。イメージがガタ落ちになる内容が含まれていたからだ。たとえばフィリップソンは、パンダ救済キャンペーンを以下のように評価した。「WWFは、パンダ・プログラムを成功させるための真剣な取り組みを何もしなかった。……寄付金が帳簿から完全に抹消されていたと知ったら、寄付者はがっかりするだろう」。

ケヴィン・ダウリングの番組「パンダに一〇ペンス」はWWFのイメージを多少ダウンさせたものの、一般の論争はまもなく沈静化してしまった。しかしダウリングには停戦の気配もなかった。彼にはまだ、武器弾薬も十分にあった。ダウリングが新しい映像制作の話を公共放送局チャンネル4の企画担当にもちかけた時点では、局側は乗り気になっていた。

オペレーション・ロック

ダウリングは調査の最中に、オペレーション・ロックに関する情報を入手した。WWFが関与していた特殊作戦の名前である。一九八七年、WWFは傭兵部隊を配備し、サイの角や象牙の闇取引と戦う〔訳注：オペレーション・ロックは密猟者の殺害を目的としていた〕ために、イギリスの民間軍事会社KASと契約した。

一九九六年、ネルソン・マンデラ政権下の南アフリカは、アパルトヘイト体制が自然保護の名の下に行なっていた犯罪行為を調べるため、調査委員会を立ち上げた。マーク・カンリーベン判事が委員長となり、旧南アフリカ政府が近隣の黒人統治国、主にアンゴラにおいて、秘密裏にゾウとサイの組織的大量殺戮を行なっていたことをつきとめた。

そのシークレット・サービス作戦の主な目的は、黒人統治国の国際的信頼を低め、政治的・経済的不安定化をはかることだった。メッセージは、おそらくこういうことだろう。「それみろ、黒人は自国民も満足に治められないじゃないか」。対照的に、南アフリカのクルーガー国立公園はうまくいっているように見えた。実際はWWFが、寄付金をつぎ込んでクルーガー国立公園を世界に向けて絶賛していたのだった。南アフリカ軍のシークレット・サービスが保有する倉庫には、密猟された象牙が月に三〇〇〇対も一時保管されていたことがあると、複数の目撃者がカンリーベン判事に証言した。

カンリーベン判事は、WWFの秘密特殊部隊の存在についてはどうやらあまり深く掘り下げなかったようだが、一応の調査を行なっている。判事は南アフリカ秘密警察のエージェント、マイク・リチャーズから話を聞いた。リチャーズはWWF傭兵部隊のスパイだった。作戦の進行状況の確認と情報収集が仕事だった。「絶滅寸前の野生動物種やその製品に関する情報を集めたり照合したりするのに必要なネットワークは、反南アフリカの国々や軍や人間に直接関係する情報の収集・照合に必要なインフラと同じフォーマットだから」、オペレーション・ロックとは「都合が良い」作戦だったと彼は証言した。原注21

ダウリングの調査は、カンリーベンの調査が終了したところから始まった。彼はこう確信している。「カンリーベン・レポートは、ほんの一部分しか公表されていない。マンデラは、WWFがアパルトヘイト体制のダーティな取引に気づいていたことを公にしたくなかった。イギリスとの波風を嫌ったのだ。彼はまた、オランダのベルンハルト王配が気に入っていて、彼を友人だと思っていた」[原注22]。

ＷＷＦのスペシャル・ユニットが、南アフリカのシークレット・サービスによる組織的な動物虐殺に気づいていたというダウリングの主張を、いくつかの新聞記事が裏付けている。ＫＡＳの司令官イアン・クルーク大佐は、彼とその部下たちが猛獣の密猟と象牙の密輸に南アフリカが関与していたことについての秘密を守る、という誓約書にサインまでしている。彼らが沈黙を守る見返りとして、大統領府は傭兵たちに、自由に動き回るためのニセの渡航文書とパスポートを発行した。南アフリカのシークレット・サービスのトップ、クレイグ・ウィリアムソンは、ダウリングのカメラの前で自分がクルーク大佐にニセの文書を手渡したと証言した。クルークらの秘密部隊は一九八七年十一月以降、南アフリカや近隣諸国で作戦にあたった。ＫＡＳチームは、最初はプレトリア〔訳注：南アフリカ共和国の首都〕、その後ヨハネスブルグ〔訳注：南アフリカ共和国最大の都市〕のアジトを活動拠点とした。

ケヴィン・ダウリングの主張は、決してでっち上げではない。別の情報源がそれを裏付けている。私はオランダ、ライデンのアフリカ研究センターに、ステファン・エリス教授を訪ねた。問題の出来事が起きていた当時、彼はロンドンを拠点とする軍事・政治・社会的分析ニュースレター『アフリカ・コンフィデンシャル』の編集をしていた。一九九〇年、あるＷＷＦの人間が彼に内部文書を手渡した。「提供者の名前は言えないが、この文書の信憑性についてＷＷＦが異議を唱えてきたことは一度もない。これらの文書を読むと、ベルンハルト王配がＷＷＦ南アフリカ役員ジョン・ハンクスと共に、オペレーション・ロックを考え出したことがはっきりする。当時ハンクスはＷＷＦでアフリカ担当の責任者だった。彼ら二人は、イギリス軍エリートのＳＡＳ〔訳注：Special Air Service：イギリス陸軍の特殊空挺部隊〕の元兵士で構成される民間軍事会社から傭兵を雇い、南アフリカでサイの闇商人を見つけ出して排除するよう契約した。WWFは共謀を隠そうと、ベルンハルト王配がその時点ですでにWWFインターナショナル総裁ではなく、ただのオランダ支部総裁だと言い訳した。スイスのグランにあるWWF本部の事務局は、そのことをまったく知らないことになっていた。WWFインターナショナルへの疑いを晴らすために、最終的にベルンハルト王配とジョン・ハンクスはすべての責任をかぶることになった。だが本当は、WWFインターナショナルの上層部も計画に関与していた」。

ステファン・エリスの主張を裏付ける確かな証拠がある。WWF南アフリカの当時の総裁フランス・ストルーベルから、WWFインターナショナルの当時の総裁フィリップ王配に宛てた一通の手紙だ。ストルーベルは南アフリカのシークレット・サービスの幹部に、オペレーション・ロックの司令官を個人的に紹介した。そして彼は、この準軍事行動計画に立案当初から参加していた。一九九〇年一月、フィリップ王配宛ての手紙でストルーベルは、WWFインターナショナル事務局長シャルル・ドゥ・アスにオペレーション・ロックについて事の発端から説明してあると書いている。つまり、遅くとも一九八七年秋には説明してあったということだ。「私が最初に関わって以来、ドゥ・アス氏には何回も包括的なブリーフィングを行なってきました。一九八九年五月には、詳細をすべて説明しました。そのあとドゥ・アス氏はベルンハルト王配殿下を訪ね、殿下が本当にこの計画のスポンサーであることを確認しました。ドゥ・アス氏自身、この展開に満足しており、そのあと私と話をしたときにも、私が関与していることについて何ら懸念は示しませんでしたし、隠蔽プログラムについても懸念を示しませんでした[原注23]」。ダウリングの調査によれば、ベルンハルト王配はその軍事会社と一九八七年に契約し、いささか異例な方法で対価を支払った。彼は、妻のユリアナ女王のロイヤル・アート・コレクションから大画家の描いた高額な絵画一枚を持ち出し、サザビーズでオークションにかけた。ムリーリョ〔訳注：バルトロメ・エステバン・ペレス・ムリーリョ。バロック期のスペインの画家〕の「聖家族」は、この軍資金稼ぎで最も高額の百万ドル近くで落札された。ベルンハルト王配はこの金をWWFインターナショナルに寄付した。その後WWFは、その金の痕跡を隠すために策を講じた。ステファン・エリス教授の説明はこうだ。「その後、WWFがベルンハルト王配に内密に金を送り返していたことがわかった。そうして王配は、KAS特殊部隊の支払いにその金を使った」[原注24]。この情報を手に入れたケヴィン・ダウリングら撮影チームは、その傭兵部隊、すなわちイギリス陸軍エリートの特殊空挺部隊（SAS）の元幹部で主に構成される傭兵部隊についてさらに情報を得るためにアフリカに赴いた。民間軍事会社KASエンタープライジズを設立したのは、SASの伝説的創設者デヴィッド・スターリング卿だ。ベルンハルト王配と同様に、彼も南アフリカでの極秘作戦に資金を提供していた。

放送局に圧力がかけられたのは、ケヴィン・ダウリングがまだ映像制作のための調査をしていたときだった。ある日、チャンネル4の責任者がダウリグを自分のオフィスに呼んだ。「彼はこう言った。『もちろん私たちはこのプロジェクトを進めるつもりだが、WWFの弁護団が君の編集方針に偏向があると言ってきた。ディレクターを変えたらどうかと』」。映像作品を守るために、ダウリングは合意した。そのときから彼は、表向きは自分の映像作品の単なる「コンサルタント」となった。大事なのは続けることであり、この仕事を完成させることだった。なぜなら調査が進むにつれ、彼はさらに深い謎へと入り込んでいたからだ。

南アフリカのシークレット・サービスの元諜報部員たちは、WWFの配備した傭兵がターゲットにしていたのは密猟者だけではなかったとダウリングのカメラの前で証言した。傭兵部隊の司令官は、反アパルトヘイト組織アフリカ民族会議（ＡＮＣ）との戦いにおいても、南アフリカのシークレット・サービスを支援していたというのだ。南アフリカの証人による証言映像はどこかのアーカイブにしまい込まれてしまったが、ルネ・ズワープのビデオの中でダウリングは、自分の取材の文字起こしを読み上げた。「ＫＡＳの傭兵はクルーガー国立公園を、ナミビアのクーフト〔訳注：南西アフリカ警察の準軍事組織。南西アフリカは、ナミビアがドイツの植民地だったときの名称。なおナミビアは一九九〇年まで南アフリカに支配されていた〕などの訓練場として使っていた。やがて彼らは、いわゆる『第三軍』としてアフリカ民族会議に対抗するために配備された。公式には存在しないこの処刑部隊は、南アフリカでアパルトヘイト体制に反対する六〇〇〇人を殺害した」。

自然保護の美名に隠れてＫＡＳの傭兵が手を染めていた戦争犯罪を、ＷＷＦ上層部が知っていたのかどうかは、今でも明らかではない。ダウリングの考えは推測でしかない。「ＷＷＦの上層部はクルーガー国立公園の運営に携わっていた。特殊部隊は公園の中で訓練されていた。そして公園内には、アパルトヘイト反対派を入れる秘密の監獄があった」。ダウリングのただならぬ発言に、私はジョン・ハンクスを問いただしたくなった。彼は今でも、南アフリカをリードする自然保護活動家だ。彼は私の取材要請に対し、文書でこう回答した。南アフリカにおけるＷＷＦの歴史について取材を受けても良い。取材のアポは取れた。だがその後、キャンセルしてきた。私の知りたいのがオペレーション・ロックについてだと、誰かから「聞いた」というのだ。キャンセルの文書にはこう書いてあった。「オペレーション・ロックについては、話したくありません。君のスケジュールから私の取材をはずしてください」。

ダウリングの調査から、KASのエリート特殊部隊がイギリス陸軍SASのOBだけをリクルートしていたわけではないことがわかる。ときおり、ロンドンから現役将校が隊列に加わることがあった。たとえばオペレーション・ロックは、化学・生物兵器のスペシャリストであるイギリス人女性を出張扱いで南アフリカに招いたことがある。イアン・クルーク大佐が、サイの角に毒を染み込ませるというアイディアを思いついたらしいのだ。アフリカ人密猟者やアジアの製品購入者は、その毒のせいで死ぬことになるだろう。この恐ろしい戦術の目的は、恐れと憎しみを拡散し、闇市場取引と密猟を終焉に向かわせることだった。だが、この邪悪な策略が実行された証拠はない。

ケヴィン・ダウリングは調査を続け、オペレーション・ロックの恐るべき詳細を暴き続けた。徐々に面倒な事態に追い込まれているとは思いもしなかった。彼は安全だと感じていた。「あいつはずっと左翼だったとか急進派だった」などと言って彼を非難する者はいなかったからだ。だが彼が編集前の映像をつなぎあわせていたとき、弔いの鐘が鳴った。「テレビ局のディレクターとフィリップ王配の側近が何度か電話で話し合い、この映像作品は国家安全保障上の脅威に当たることがはっきりしたと言ってきた。そして、それきりだった」。

WWFは何年もの間、オペレーション・ロックを隠蔽し、ごまかしてきた。しかし二〇一一年、ついにWWF上層部は、スイス人歴史家アレクシス・シュヴァルツェンバッハがアーカイブにアクセスすることを許した。彼は公式のWWF史を執筆し、同団体の創立五十周年記念に際し発表した。「オペレーション・ロック」と題する章の中で、WWF南アフリカのスタッフやベルンハルト王配だけでなく、WWFインターナショナルも極秘活動に関与していたことを、シュヴァルツェンバッハは内部文書や手紙から明らかにしている。WWF総裁フィリップ王配も、一九八九年初頭にブリーフィングを受けていた。

歴史家シュヴァルツェンバッハはまた、長年にわたって否定され隠蔽され続けたある問題を暴露したことにおいても賞賛に値する。彼はWWF史において、オペレーション・ロックの目的が単なる密猟者の追跡だけではなかったことを明らかにした。WWF特殊部隊の司令官イアン・クルークは、民主化運動と戦う南アフリカ軍に協力していたのだ。「彼の部隊は、ANCなどアパルトヘイト体制に反対する者たちとの南アフリカ国防軍の戦いにも協力していた[原注25]」。

だが今さらWWFに反省してもらっても、ケヴィン・ダウリングにとっては手遅れだ。破壊力抜群の彼の調査の数々は、チャンネル4の有害物質保管庫へと消えていった。テレビ局は、そろそろこの映像を公開してもいい頃だ。WWFが部分的に白状しているとはいえ、多くの疑問が未だ答えられていないのだから。中でも重要なのは、WWFと、WWFが契約していた傭兵部隊KASが、ANCや近隣諸国に対するアパルトヘイト体制の残虐な戦争に、実際にどのくらい深く関与していたのかということだ。WWFの特異な行動の結果、本当に人が殺されたのか、そしてもし殺された人がいるなら何人くらいなのか、まだわかっていないというのは重大問題だ。いずれにせよ、南アフリカの恐怖政治との密接な協力関係は、WWFの対アフリカ・ポリシーにとって未だに厄介な遺産であり続けている。ケヴィン・ダウリングは自分のネタをフリート・ストリート〔訳注：ロンドンの新聞社が集まっている通り〕に売り込もうと試みたが、誰も聞く耳を持たなかった。新聞社はどこも、物議を醸しそうなこの話を発表したがらなかった。そしてケヴィン・ダウリングは、それを捨て去るだけの強さを持っていなかった。「彼はこの話に取りつかれていた」と彼の知己ルネ・ズワープは振り返る。「結局、これが彼を殺したんだ」。

バトゥワ族の追放

アフリカには多少の問題が「かつてはあった」とWWFのスタッフが認めることは、以前より多くなった。だが彼らは、WWFがその過ちから教訓を得たと主張する。二〇〇〇年、オペレーション・ロックに初めて内部批判の声が上がった。新しい事務局長クロード・マーチンは、この特異な出来事を「帝国主義的行動」の一例と表現した。WWFがアジア、アフリカ、ラテンアメリカに現地支部を設置したのは、その発足の起源である新植民地主義的色合いを払拭するためだったと評した。さらに、WWFナミビアの代表者クリス・ウィーヴァーの考案した「自然保護」システムは、そうした国々の現地コミュニティ全体を自然保護事業に組み入れ、エコ・ツーリズムからの収益で暮らしていくように仕向けた、と言った。

WWFは、こんな形ばかりの自己改革でも誇らしく思っている。だが、団体として本当に植民地時代の遺産を克服できたのだろうか。私は、先住民族の権利に関する国連専門家グループに向けた報告書を手に入れた。南ウガンダの国立公園を居住地とするバトゥワ・ピグミー族〔訳注：バトゥワ族：いわゆるピグミーと呼ばれる、中央アフリカの先住民族の総称。身長が低い〕が、一九九一年に強制移住させられた悲劇の報告である。

その二〇一一年七月の報告書は、詳細を次のように伝えている。「WWFやその他の外部勢力の指導の下に国立公園が作られた他のケースと同様に、その地に数百年から数千年間にわたって持続可能な方法で居住してきた先住民族は、彼らの森から強制退去させられた。……彼らの森は外国の投資家の手に渡った。ツーリズムはビッグ・ビジネスである。猛獣の種類によっては一頭殺すごとに数千ドル、場合によっては数万ドルもの料金になる。自然保護という口実の下に、投資家たちは自分たちの目的のための『自分たちの』森を作ろうとしている。それはピグミーが一人もいない森だ[原注26]」。

　このエネルギッシュな報告書の執筆者アーノルド・グロー博士に会うために、私はベルリンに向かった。彼は、ベルリン工科大学（ＴＵ）文化システム構造分析研究所の所長である。グロー博士はデリケートな手に感受性の豊かそうな面立ちで、スリムな上に着こなしもエレガントだ。ところが彼の質素なオフィスには、バトゥワ族に囲まれてパンツ一丁の彼が写った大きな写真が掛けられていた。「彼らを訪問するときは、彼らのやり方に合わせるんです。服装に関しても。彼らを尊重する意味でね。工業国の文化から現地に持ち込まれる基準は変化しました。近頃の人は、彼らに暗にこんなメッセージを伝えようとするんです。私はサファリスーツを着てるでしょ。かつての西洋人とは違うんだよ、と」。彼はＷＷＦが弾みをつけたエコ・ツーリズムを、無神経だと言う。ピグミーの村々に「侵略」のように襲いかかり、部族の文化的アイデンティティを破壊してしまった。

　グロー博士は、ＷＷＦが先住民族に関して「根本的な」問題を抱えていると言う。「ＷＷＦのような団体は、先住民族の文化の絶滅に少なくとも部分的に責任を負っています。『自然保護』を理由にした強制退去は、彼らの文化の死の序章となります。一千年もの間、生活の場となってきた森がなくなれば、彼らを見下す他の人種からの攻撃にさらされてしまう。私はバトゥワ族の末路を間近で見てきました。森を失うと、部族の人々はひどく落ち込みます。昼間から酒を飲むか、麻薬を始める。私が訪れたすべての村で、人々が自暴自棄になっているのがありありと見て取れました」。

　バトゥワ族を飢えから守るために、ウガンダ政府はようやく彼らに狩猟許可を与えた。かつて彼らの居住地だった森林の周縁部で、熱帯雨林の二キロメートル内側まで入っても良いことになった。だがそれ以上はダメだ。コアゾーンはマウンテンゴリラと旅行客のために保護されている。WWFは、バトゥワ族を農民として再教育できるかどうか研究を行なった。だがそのアイディアは現実とかけ離れていた。バトゥワ族に、農耕できるような土地は残されていなかった。

アーノルド・グロー博士とバトゥワ族

今バトゥワ族は、生きていくためにウガンダの多数民族であるバントゥー系民族の農地で働かなければならない。バントゥー系民族の多くはバトゥワ族を二級市民と見なし、食料も買えないほどの低賃金しか払わない。バトゥワ族の女性の中には、食料と引き換えに売春する者もいる。もっともグロー博士の経験では、ほとんどの女性はバントゥー系民族にレイプされているということだ。「私の推計では、バトゥワ族の女性の八〇パーセントはレイプされたことがある。彼らの村を訪ねれば、その結果がどんなものかわかります。若者の多くは、母親より頭二つ分も背が高い。父親のわからない混血です。だから遺伝子的な意味でも、バトゥワ族という民族はまもなく絶滅するでしょう」。

WWFのホームページで語られるバトゥワ族のイメージは、もっとのどかだ。たとえばこんな素敵なお話が紹介されている。「絶滅の危機に瀕するマウンテンゴリラを保護するために、一九九一年ウガンダのブウィンディ原生国立公園（ＢＩＮＰ）が指定を受け、ムコナ教会区の地域住民が反対の意思表示として森林を十平方キロメートルほど焼き払いました。ＷＷＦのケーススタディによれば、一九九八年にも偶発的に火事が発生し、同じ村民たちが今度は何の見返りも期待せずに、現場まで五時間も歩いて火事を消し止めました」[原注27]。

ＷＷＦの前向きな教育のおかげで、悪い野蛮人は良い野蛮人になりましたとさ。行間に書かれたメッセージはそんな感じか？　だが一九九一年、軍隊に強制的に住居から立ち退かされたために、ピグミーが森に火を放ったという事実は、ホームページに書かれていない。歴史の不当表示のあとには、目いっぱい自画自賛の文章が続く。「ＷＷＦのフィールドスタディの結論によれば、バトゥワ・ピグミー族は、彼らの土地が人間のいない国立公園になったことで『利益』を受けました。『多様な収入源を得ることができた』からです。」特に観光業は、新たな雇用機会を数多く提供したそうだ。「彼らは公園・観光関連の雇用、観光関連の収入で利益を得ています。……職業訓練などのさまざまな機会が、コミュニティの人々の組織化スキル、交渉スキル、そしてビジネス・スキルを向上させています」[原注28]。

国連のエキスパート、アーノルド・グローは、この状況説明を「深刻な人権侵害を事後的に正当化するために用いられた偽善」と評価する。バトゥワ族などの先住民族の強制移住のあと、欧米企業はウガンダの国立公園を商売にする許可を与えられた。そこでは、観光業がもっとも利潤を上げるビジネスだ。グロー博士の意見では、旅行代理店にとってバトゥワ族は「人間ではなくモノ」である。しかも儲けを増やしてくれるモノだ。「旅行者はサファリスーツを着てバトゥワ族の村に連れて行かれ、裸の野蛮人をジロジロと眺める。バトゥワ族の人々はＥＵの資金で建てられたホールで、観光客のために部族のダンスを披露しなければならない。まるで民族動物園です。見世物にされている民族にとっては、耐え難い屈辱だ」。WWF職員はピグミーと交渉する際、「支配民族」として振舞うとグロー博士は言う。支配民族とはすなわち、「原始人」に洋服や水道やコンクリートの家など、頼まれてもいない「進歩」を勝手に運んでくる者たちのことだ。「実際には、この戦略は先住民族の文化を絶滅に向かわせます。私はよく自分に問うのです。なぜ私たちは、人間が自然に生きることの記憶をこうも徹底的に消し去ろうと必死で努力しているのだろうか。先住民族は、工業化された文化がもたらす製品など必要としていない。お金も、市場との関係も必要としていないのです。私たちの支配文化がもたらす製品はすべて、先住民族の文化的な自尊心を破壊するのです」。

年に一度、役所に選ばれた数人のバトゥワ族が、薬草を取りに森に戻ることを許される。たった一日だけ、監視付きで。バトゥワ族にとって、この日は一年のうちでも本当に幸せな日だ。彼らはWWFの援助を期待できない。一方WWFは、バトゥワ族の強制移住で直接の利益を受ける。たとえば、WWFアメリカはウガンダ中の国立公園を巡るツアーを企画した。キャッチコピーはこんな風だ。「大アフリカ霊長目探検」。一万一〇〇〇ドル（ウガンダまでの航空券は含まれない）の冒険のハイライトは、「ゴリラ・トレッキング」。バトゥワ族の一人もいないジャングル・ルートの保証付き、とWWFはツアーを売り込む。「原生林の中で人間に出くわさずに、人間そっくりの素晴らしい動物に出会える興奮は格別です」。

アーノルド・グロー博士には、その目的は明白だった。「動物を保護しているのではなく、動物をビジネスに利用しているのです。WWFが本当に自然を保護したいなら、バトゥワ族が森に戻れるようにすれば良い。何千年もの間、彼らは生物種相互のバランスをとり続けてきたのですから」。

バトゥワ族がゴリラの生息数にとって脅威になったことなどないと、彼は説明する。ウガンダの熱帯雨林にもともと生息しているゾウなどの動物にとっても、脅威になったことはない。「彼らは生きるために必要なときに、森の生物や猛獣を捕るだけです。バトゥワ族の強制移住以降、猛獣ハンターたちが動物の個体数を『制限する』という名目で、国立公園内を荒らしてきたのです。ハンティング産業にとって、猛獣は大変お金になるビジネスです。政府にとっても、です。ゾウの狩猟許可は大きな収入になりますから」。

あるヨーロッパの旅行代理店のカタログに、こんな詳しい内容が掲載されていたのを見つけた。ウガンダでゾウ一頭をしとめる許可料、三万六〇〇〇ユーロ。この値段の中には、狙撃者が「獲物」から取った象牙を持ち帰る料金も含まれている。

白人ハンターの復活

ベルリンでアーノルド・グロー博士の取材を終え、私は通勤用鉄道のティアガルテン駅の前を歩いていて、WWFキャンペーンの巨大看板に気づいた。一頭の母ゾウが、かばうように子ゾウの前に前足をおいている。写真の説明書きはこうだ。「この子は生きるために生まれてきたのです。五ユーロで、子ゾウにアフリカでの生息地を与えることができます」。この小さな文字を読んで寄付した人は、その金が新しく指定されたカバンゴ・ザンベジ国際保護区（KAZA）に使われるのだと思うだろう。

KAZA。ジンバブエ、アンゴラ、ボツワナ、ザンビア、ナミビアの三六カ所もの国立公園・保護区を一つの連続した広大なネットワークにするプロジェクトである。WWFは現在のところ、この意欲的なプロジェクトに年間二七〇万ドルを投資している。WWFのホームページが信用できるならば、これでア

Angebot für eine Jagd auf Elefant und Leopard und Büffel:

16 Jagdtage mit Jagdführung 1:1, (Berufsjäger, Fährtenleser, Allradwagen), Unterkunft mit Vollverpflegung im Jagdcamp, täglicher Wäschedienst, Rohpräparation der Trophäen,

pro Jäger	**US$**	**39.150,00**
+ Trophäengebühr für einen Elefanten(30-53,99lbs)	US$	15.400,00
+ Trophäengebühr für einen Elefantenl(54-63,99lbs)	US$	18.700,00
+ Trophäengebühr für einen Elefantenl(ab 64lbs)	US$	27.500,00
+ Trophäengebühr für einen Leoparden	US$	5.445,00

Jagd auf Big Four:

Elefanten und Büffel werden auf der Fährte bejagt. Aber nur wenn der alte Elefantenbulle richtig erjagt wird, erhält die Trophäe den Wert, der ihr zusteht. Und hart arbeiten muß man. Es ist ein Erlebnis, das mit wenigen Worten kaum beschrieben werden kann, wenn Sie mit unseren erfahrenen Berufsjägern auf der frischen Fährte arbeiten, um einen kapitalen Giganten zu erbeuten. Werden Hinweise auf einen starken Einzelgänger ausfindig gemacht, wird der Graue Riese so lange auf der Fährte ausgegangen, bis die Temperatur der Losung oder die Zeichen der Fährte ankündigen, dass sich der Bulle in unmittelbarer Nähe befindet. Dann steigt die Erregung sprungartig an und die heiße Phase der Elefantenjagd beginnt. Löwen und Leoparden werden am Luder bejagt. Leoparden leben und jagen territorial. Sie sind am Bait leichter und besser zu bejagen als die unsteten Löwen, die sich nicht an einen Standort binden. Generell erscheint *Panthera pardus* bei Einsetzen der Dämmerung oder in der Nacht. Um Ihre Chancen zu maximieren, bieten unsere Partner das sogenannte 'Prebaiting' an.

アフリカ狩猟ツアーのカタログ

フリカのゾウが救われる。「ゾウたちは大変な窮地にいます。……WWFのレスキュー作戦をサポートしてください。――ゾウたちが生き残るためには、この作戦が唯一のチャンスなのです」。プロモーション・ビデオを見ると、WWFはKAZAを「貧困との戦い」の手段として宣伝していた。この地域の住民たちが「動植物の持続可能な利用」の収益の一部を受け取ることになるというのだ。

WWFプロパガンダは、寄付しようかと考えている人に「動物の利用」とは何を意味するのかの説明を慎重に避けている。KAZAのホームページをつぶさに見てみると、ぜんぜん別の、胸が張り裂けそうなゾウの話が書いてあった。その話によれば、ゾウの個体数は少ないどころではなかった。したがって保護の必要もない。それどころか、どうも数が多すぎるらしい。関係諸国が直面する大問題は、ゾウの数をどうやって減らすかだった。「国際」保護区のエリア内に生息しているゾウは二五万頭。望ましい数の二倍だ。エサを求めて、ゾウたちは植生を荒らし、農地を破壊している。

KAZAプロジェクト参加国のほとんどは、ゾウ狩りをビジネスとして導入する計画を立てていた。KAZAのホームページでは、ゾウを「この地域にとって経済的にも生態学的にも極めて重要な生物種」であり、「経済的資産」であると言っている。ゾウの力を借りれば、KAZA公園の最も価値ある宝として投資家を魅了できるだろう。「ゾウなどの持続可能な野生動物製品を、再び合法的に取引することが、このプロジェクトにおける投資への重要な礎となるのです」[原注29]。

WWFは、こういうあからさまなビジネス・トークを寄付者に見せたがらない。その代わりに、WWFがいなければアフリカゾウはすぐにでも絶滅しそうだなどと、お涙頂戴の絵空事で彼らを罠にはめる。WWFのパートナーたちは今、アフリカ南部の猛獣狩りで大儲けする準備に忙しいというのが本当のところだ。対象はゾウだ。WWFがそれを見過ごすはずはなかった。ゾウ狩りの客を誘い込むために、ボツワナ・サファリズという会社がツアーを特価でご提供している。ゾウ一頭につき、通常四万五〇〇〇ドル超のところ、約一万三〇〇〇ドル。

ジンバブエのワンゲ国立公園でも、同じようなゾウ狩りのツアー企画を見つけた。この公園も、カバンゴ・ザンベジ国際保護区の一部だ。ゾウ狩りが生態学的に意味を持つのかどうか、私は専門的な最終判断を下す立場にはいない。だがWWFが二枚舌政策をとっているのは、明らかに道義に反すると思う。寄付者の動物愛を利用して、ウソのキャンペーンで金を取るのだから。

WWFが計画立案と出資に参加したKAZA公園エリアのオープンの季節がやって来る。狩りの許可が下りるのは、ライオン、ゾウ、ヒョウ、キリン、バッファロー、ワニ、そしてサイである。イギリス企業が猟犬を伴ったヒョウ狩りの一団を連れて来る。大いなる宝であるアフリカの猛獣は、再び白人ハンターと西洋の旅行代理店の手に落ちる。それはまるで古き良き昔に帰ったような、栄光に満ちた幸せな日々だ。

第六章　ＷＷＦの手で安らかな死を

ＷＷＦは、金儲けのコツをよく知っている。たとえば、われらが「ジャングルのいとこ」オランウータンの基金に寄付を呼びかけるＹｏｕ Ｔｕｂｅキャンペーン。メロドラマみたいな音楽に乗って、ボルネオの熱帯雨林を攻撃するチェーンソーから、オランウータンが逃げ惑う。オランウータンは大きな瞳で、悲しげに視聴者の方を向く。この世の終わりみたいなナレーションが流れる。「彼のすみかは、私たちの気候と同じ運命。どちらも救いましょう。ＳＭＳ〔訳注：ショート・メッセージ・サービス〕で、あなたも参加できます。８１１９０に「Ｂｏｒｎｅｏ」と送信してください。ＷＷＦ――生き物たちの地球のために」

スマホをちょいとタップするだけ、ほんの数秒で重い良心の呵責から解放されるなんて素敵だ。寄付金額はたったの七ドル。作戦は大成功。寄付した人は、自分のインスタントな善意がオランウータンには使われないかも、なんて考えもしない。だがこの大型類人猿を救うために、ＷＷＦが本当にすることとは何だろうか。信頼できる数字が書かれた当座預金計算書や出資報告書を、ホームページで探そうとしても無駄だ。透明性の確保はＷＷＦの得意分野ではない。年間七億ドルにものぼる寄付金がどこへ行くのか、誰にもわからない。

ＷＷＦによれば、人件費に使われるのは寄付総額の八パーセントだけだそうだ。差額はすべて、現地のプロジェクトや教育事業に使われると彼らは主張する。しかしこの計算では、フルタイム・スタッフの給料の項目が無視されている。彼らの給料はプロジェクトの支出に含まれることが多く、うまく隠されているのだ。アメリカ人フリージャーナリスト、クリスティン・マクドナルドによれば、人件費はＷＷＦの収入の五〇パーセント近くを食い尽くしているという。[原注30] ＷＷＦは、世界中で約五〇〇〇人のフルタイム・スタッフを食わせている。上層部の所得に至っては、実に高額だ。ＷＷＦアメリカのＣＥＯ一人で、年間所得五〇万五〇〇〇ドルも取っている。

ノーディン

燃え上がるボルネオ

私たちは調査のため飛行機でボルネオに向かうことになった。もっと厳密に言うとカリマンタン島のインドネシア領カリマンタン〔訳注：ボルネオ島はインドネシア語でカリマンタン島と呼ばれ、ボルネオ島の南のインドネシア領部分はカリマンタンと呼ばれる〕だ。パランカラヤ空港に到着したとたん、ＷＷＦがインドネシアでどれほど権勢をふるっているかを思い知った。空港ビルの中には、セバンガウ国立公園を宣伝する巨大ポスターが掛かっていた。WWFが管理している国立公園だ。メイン・エントランス・ホールには、よくある土産売り場の代わりにWWFショップがあった。小ぎれいなパンフレットが所狭しとおかれ、WWFの素晴らしい森林再生事業や猛獣密猟との戦いについて説明が書かれている。

ノーディンは私たちを空港の外で待っていた。彼は人権擁護団体セーブ・アワー・ボルネオの代表で、地球の友インドネシア支部の監査委員でもある。彼は中央カリマンタンの森をすべて知り尽くしている。いつもむっつりとしている小柄で力強い男は、自分の職業を「活動家」と言った。ノーディンは強大な敵に立ち向かっている。敵とは彼の国の森林を急速に破壊し、オイルパーム・プランテーションに変えようとしている者たちだ。

ノーディンの同僚ウディンも加わり、私たちはジープでオランウータンの王国へと向かった。正午近くで、気温は四〇℃を超えた。湿気が、汚れた薄膜のように皮膚にまとわりついた。郊外は緑に覆われていた。といっても、ところどころに雨林の木々を引き抜いたあとがある。その合間には森林農家〔訳注：森林農業：樹間で家畜を飼育したり農作物を栽培する〕の畑があり、さらに行くと、樹幹を切り落とされ、幹だけになった大木が何本か残されている場所があった。二十年前に木材業者がやって来て、森を無差別に伐採していった名残だ。

カリマンタンには、原生雨林が三〇パーセントしか残っていない。だが高温多湿の気候のおかげで、放っておきさえすれば伐採エリアは素早く回復する。わずか数年で二次林が成長し、驚くほど多様な生物種に生息地を提供する。だがその熱帯雨林は今、消えゆく運命にある。政府が国内外のパームオイル企業に、使用許可を与えたからだ。インドネシア中央政府は、パームオイル産業の拡大に賭けた。富と権力を手にするための最良の選択だと踏んだからだ。

この計画における、インドネシア政府と企業に次ぐ第三の存在はＷＷＦだ。オイルパームの集約的栽培が、インドネシアやマレーシアなどの貧しい国々の経済発展のためだけでなく、自然環境にもよいと欧米の一般市民に信じ込ませるのに必要な資質を、ＷＷＦだけが持っている。天下無敵のパンダの手を借りて、業界のほとんどは今、アジアやアメリカ大陸の「原生」雨林ではなく、いわゆる「劣化」森林だけを伐採して「持続可能な」パームオイルを生産している。

ノーディンはこのシナリオに、ただ冷笑するだけだ。「すでにこの国には、原生林はほとんど残されていない。ここで目にするのは、皆、二次林だ。オランウータンを初め、何千種もの動植物種がそこで生息できる。ここ中央カリマンタンでは、ウィルマーというたった一つの企業がほぼ三〇万ヘクタールの使用許可を与えられ、その面積の森を切り倒す権利を持っていて、すでに半分は切り倒してしまった」。木製の監視塔のてっぺんから、私たちは不毛な大地を見下ろした。見渡す限り、森の木は一本も残っていない。ただキロメートル単位で列をなす、植えたばかりの青々としたオイルパームの若木が見えるばかりだ。きれいに並んだ若木の列の間のそこかしこに、焦げた木の幹がポツンと立っている。ここがノーディンの生まれ故郷だ。「周りを見回してみろ。こんなもののどこが持続可能なんだ。ここの熱帯雨林の全滅は、ＷＷＦにも責任があるんだ」。

法律も、地元民の抵抗も、国際的な抗議行動も、インドネシアとマレーシアへのパームオイル企業の進出を止められなかった。焼き畑式の森林破壊から逃れられない大型類人猿などの動物は、いずれふるさとの森と共に消えうせる。こうした森の多くは湿原に生育するため、森を焼き払えば最大で一二メートルもの層を成す泥炭層も一緒に燃やすことになる。つまりインドネシアは今、世界最大のCO_2排出国の一つになるという不名誉を背負っているわけだ。だがこんなダーティな出自にもかかわらず、パームオイルで作られたバイオ燃料は、「気候に優しい」エネルギー源と考えられている。気候変動に関する政府間パネル（IPCC）が、製品の生産時に排出される温室効果ガスを計算に入れないからだ。要はエコロジーの粉飾決済である。

口数の少ないノーディンは、ボルネオの先住民族、ダヤク族〔訳注：ボルネオ島の丘陵地帯や川岸に生活する二〇〇以上の先住民族の部族の総称〕だ。彼の先祖には人肉食習慣があった。私の質問攻めに彼がうんざりし始めると、そのことをふと思い出してしまう。私たちはプランテーションの中を走り続けた。延々と続く赤砂の道で、ジープは砂埃に飲み込まれた。よくもまあ、車輪が泥炭湿地に埋まらないものだ。ノーディンはジープを止め、プランテーション内の道路がどんな作りになっているか私に見せた。切り倒された雨林の残骸が板のように並んで砂をかぶっている。なんと、これが道路とは。私たちは、ジープからの眺めにウンザリしていた。オイルパームしかない。何列も何列も、沈黙の軍隊のように気をつけの姿勢で立っている。赤いパームの実を切り落とすのにマチェーテ〔訳注：山刀〕を使う。道路脇の至るところに、パームの実が山と積まれていた。パームの収穫は重労働だが、賃金も良い。パームオイルは国際市場で良い値がつくからだ。パームオイルは石けん、化粧品、洗剤、マーガリン、お菓子など、何千種類もの家庭向け商品の原料となる。しかし、パームオイルを自動車や発電所の「再生可能な」燃料にしようというアイディアにヨーロッパ人が熱中しだしてからは、インドネシアの森へのプレッシャーは幾何級数的に強ま

オイルパームの若木と燃える雨林　ウィルマーのプランテーションにて　2011年

った。小さな赤い実は、驚異的なエネルギーを産出する。ライバルの大豆の十倍だ。

オイルパームの並ぶ殺風景な農地には、這うもの、のたくるもの、ブンブン飛ぶもの、噛むものはもういない。多用途除草剤、殺虫剤、防菌剤が、パーム以外の動植物を排除してしまった。こんな光景を目の前にして、私はこう自問した。一体WWFは、この大規模単一栽培のどの辺を「持続可能」と呼べるのだろうか。ノーディンにも、まったくわからないそうだ。

ウィルマー・インターナショナルのような強大な企業は、自分たちの成長の邪魔になるものは何でもブルドーザーで踏んづけられるだけの権力を持っている。同社はシンガポールに本社をおき、九万人の従業員を雇っている。大豆、トウモロコシ、小麦、カカオの世界最大の生産者であるアメリカの巨大企業アーチャー・ダニエルズ・ミッドランド（ADM）は、ウィルマーの大株主である。アジアの雨林の破壊に関して、世界中でウィルマーの右に出る者はいない。にもかかわらずＷＷＦは、二〇〇九年まで同社の無償コンサルタントとなる定期契約を、二〇〇七年に結んだ。ＷＷＦインドネシアのパームオイル担当アマリア・プラメスワリの言葉を借りれば、ウィルマーの行動が「改善」されることを願って結んだ契約だ。プラメスワリ女史によれば、ＷＷＦは同社を開眼させ「良いパームオイル」だけを生産させたいのだそうだ。

おとぎ話の森で

私たちは、ボルネオのパームオイル産業の深部を探る旅の前に、アマリア・プラメスワリを取材した。アポを取ったＷＷＦインドネシアの本部は、ジャカルタ〔訳注：インドネシアの首都〕のエレガントなオフィス街にある。私たちが到着すると、その若い女性はパームオイル・オフィサーだと自己紹介した。パームオイル企業との協力を担当する役職だという。彼女は取材を受けてとても嬉しい、というわけにはいかないようだった。私たちの質問が「政治的」すぎるのが原因だった。上役の誰かが適当に答えておいた方が良かったんじゃないかと思う。だが皆、姿をくらましていた。アマリアは勇敢にも、「対話政策」の良い面を褒め称える努力をした。「私たちはこの業界の企業が、持続可能なプランテーション運営をするために援助をしています。マネージメント向上のための教育も提供しています。私たちは持続可能なパームオイルの認証をメインストリームにしたいと願っているのです[原注31]」。

彼女は「ＷＷＦの援助があれば」ウィルマーは「持続可能なパームオイルの生産に向けて改善」すると真面目に信じていた。具体的にどんなことをするのだろう？　「ウィルマーは、特に保護価値の高いエリアを開発留保することについて、私たちと一緒に取り組んでいます。これはWWFが大成功をおさめた事業です」。アマリア・プラメスワリはこちらの表情を見て、まだ疑っていると思ったのだろう。私たちにこう促した。「とにかく、ご自身でご覧になってみてください」。

もとより断る理由はない。こうして私たちはノーディンのジープに乗って、丘陵地帯のプランテーションを電線のように貫く埃っぽい単調な道路を、何時間もドライブしたわけだ。GPSがなかったら、すぐさま方向感覚を完全に失ってしまうだろう。ボルネオの中心部でウィルマーが使用権を手に入れた土地は、長さが九〇キロメートル以上、幅が約三〇キロメートル、トータルで二七万一〇〇〇ヘクタールにもなる。私たちが取材に訪れたときには、その半分ほどがすでに伐採され、オイルパームが植えられていた。WWFの奮闘のおかげで、一万二〇〇〇ヘクタールが森林破壊から守られたとアマリア・プラメスワリが別れ際に言っていた。なんと四・四二パーセントにあたる面積が、開発留保されたということだ。保護することに特に価値があると考えられる地域を、HCV〔訳注：High Conservation Value〕エリアと呼ぶ。WWFとの二〇〇七年の契約の際、ウィルマーは使用権の認められている土地のうち一万七九九〇ヘクタールの開発留保に合意している。全体の六・六四パーセントである。だが一年もたたないうちに、留保すると約束した土地の三分の一をさっさと開発してしまった。二〇〇八年十一月十日のWWFとの合同会議の席で、ウィルマーは堂々とその事実を認めている。原注32 HCVのアセスを行なったコンサルタント企業MECは、何度かの話し合いののち、ウィルマーに対する勧告内容を「修正」していた。私は二〇〇九年に作られたこの報告書をよく読んでみた。オリジナルの合意どおりに伐採は免れたとWWFが言い張っていた、いわゆるHVCエリアの半分は、水位の非常に高い沼沢地であることがわかった。つまり、どのみちオイルパーム・プランテーションには向かない土地だった。先住民が居住し農耕している森も、ＨＣＶエリアに指定されており、ウィルマーに使用が認められている土地ではない。湖沼や河川、すでに法的に開発留保地域に指定されている氾濫原、そして泥炭湿地の灌漑に使用されている運河も、ＨＣＶに含まれていた。[原注33] 持続可能なパームオイルのための円卓会議〔訳注：ＲＳＰＯ：Round Table for Sustainable Palm Oil. ＷＷＦを含む七つの関係団体が中心となり二〇〇四年に設立された団体〕が定める基準に従えば、これらのエリアをＨＣＶに含めることにまったく何の問題もない。

ノーディンに言わせれば、これはすべてまやかしだ。リストに上がっているＨＣＶエリアの多くは、生物多様性にとって価値などない、ただの「ガラクタ」だと彼は言う。彼は、ウィルマーのプロジェクト事務所から手に入れた地図を私に手渡した。日付が書いていないが、二〇〇八年のもののようだ。地図は開発許可地域全体を示しており、それによればウィルマーはわずか三つの森だけを「開発留保地域」として区分していた。プクン川流域の二七五二ヘクタール、カプク川流域の二二〇五ヘクタール、そしてセラナウ・キリ川流域の一九六ヘクタールだ。[原注34] 全部で五一五三ヘクタール。この三つの森林エリアはすべて氾濫原だ。どのみちインドネシア政府から法的に開発留保地として指定されている。ノーディンはこの地域で現地調査を行ない、ウィルマーのデータが実際の状況のとおりだと確信した。一方ＷＷＦは、彼らの企業パートナーであるウィルマーが実際に一万二〇〇〇ヘクタールの脆弱な地域を開発留保していることの根拠として、衛星写真を使っている。

リンバ・ハラパン・サクティというできたてのプランテーションの中を走っていると、ウィルマーの警備ジープに停車するよう指示された。警備員は私たちに、何をしているのかと尋ねた。私は、一番近いＷ

パームオイルの実

WFの開発留保エリアはどこかと尋ねた。警備員のものものしい態度は軟化して、にこやかに北の方を指さした。しばらく行くと、森を焼き尽くす炎から免れたわずかばかりの森が見えた。少し前に降った熱帯のにわか雨が、地面から水蒸気を立ちのぼらせていた。山積みの苗木や重機や、束になってひっくり返された熱帯樹の根っこの向こう側に浮き上がる蜃気楼のようだった。ノーディンは、このエリアを数カ月前に調査していた。八〇ヘクタール、つまり九〇〇メートル四方もない。二十分もあれば森全体を歩けてしまう。ひどい有様だ。私が想像していた「価値の高い」雨林とは程遠い。ここは明らかに、二十年前の皆伐のあと再び成長した二次林だ。それ自体、「価値の高い」ものではない。この小さな森の回りの、ほんの数カ月前に焼き払われたばかりの数千ヘクタールの方がずっと価値が高い。まさかこんなところがと思っていると、小さな木の看板にこう書かれているのを見つけた。「HCVエリア」。その下には、警告文が書かれていた。森林内での狩猟・農耕・進入を禁ずる。

そのとき、私たちは木のてっぺんにオランウータンが一頭いるのを見つけた。彼は衰弱した様子で、荒廃した大地を見渡していた。WWFのコマーシャルで使われていた彼の親戚と同じように、まさに絶望的な感じだった。見渡す限り、茶色いカラカラの荒地だ。オイルパームの海の中にわずかなビオトープ〔訳注：地域の野生生物が生息する場所〕がポツンと残されているだけだ。彼はそこで生きていけるのだろうか？　ノーディンは頭を振った。「俺たちの最近の調査では、ここで生き残ったオランウータンはたった二頭だった。生きていける可能性はない。ここから動けないからな。霊長目の研究家は、オランウータン一家族がエサを見つけ子孫を残すためには、一万ヘクタールほどが必要だと言う。ここには二頭のオランウータンが食べていくのに十分な果物の木もない」。

数人のプランテーション労働者が自転車で通りかかった。彼らは私たちの前で自転車を止めた。私たちが何を探しているのかすぐにわかったようだ。ヨーロッパ人は皆、人間に似た大型霊長類に関心があるが、人間には興味を持たない。それでも男たちは親しげに近寄ってきた。彼らは二頭のオランウータンのことを知っていた。あのオランウータンは、すぐに飢えて死ぬだろう。切羽詰った彼らは、オイルパーム・プランテーションに入っていき、実を「盗む」か、若木を引っこ抜くという。その結果どうなるのかと尋ねてみた。男たちは笑った。そのうちの一人が静かにこう言った。「会社が財産を守るのさ」。どういう意味か、すでに皆わかっていたが、ノーディンが促したのでその男はようやくこう言った。「会社がハンターを雇って撃ち殺すんだよ。あのオランウータンは死ぬんだ。どっちにしても」。

森に生き残った二頭のオランウータンを保護するために、WWFが何かやっているのかを私たちは知り

WWF キャンペーン

たいと思った。男たちは無表情にこちらを見た。「ＷＷＦの人をここいらで見たことはないね」。ノーディンはこう説明した。「ＷＷＦはインドネシアでオランウータンのプロジェクトをやってない。オランウータンがシェルターにできるようなレスキュー・センターも運営していない」。

ＷＷＦドイツにこの件で問い合わせをしたところ、ＥＵ政策・農業・持続可能なバイオマス部門ディレクターのマルティナ・フレッケンシュタインは、オランウータンのレスキュー・センターを本当に一つも作っていないと回答した。[原注35] だが彼女は、ＷＷＦがセバンガウ国立公園と他のどこだかにリハビリ森林エリアを設けてあり、結果として間接的にオランウータンの新しい生息地を作っていることになると必死で強調した。ここで問題なのは、インドネシアに数カ所しかない国立公園には、オランウータンはほとんど生息していないということだ。彼らは、急速に失われつつある二次林に生息している。グリーノミックス・インドネシア〔訳注：インドネシアの環境NGO〕の調査によると、ウィルマーのプランテーション・エリア内に九カ所あるオランウータンの生息地のうち、六カ所はすでに破壊されてしまっている。原注36 これでもウィルマーは円卓会議から、あの垂涎の持続可能性認証を取得できるのだろうか？　ノーディンは笑うしかなかった。「そんなの当たり前だよ。わかりきったことだ」。

プランテーション労働者たちに、雇い主のウィルマーをどう思うかと聞いてみた。陽気な笑顔は消え、黙り込んでしまった。何人かが、心配そうにあたりを見回した。一人が、本当に思っていることを話してくれた。「俺はダヤクなんだ。この辺の出だよ。うちの家族はここに土地を持ってた。果物の木を植えて生活していた。ここは何でもよく育つ。採れた物の大半を市場で売ることができた。今じゃ何もかも壊された。ここのオイルパームを全部引っこ抜いたって、もとには戻らない。土が汚染されてるからね。土地が痩せちゃったし。もとのように何でもよく育つようになるには、何十年もかかるだろうね」。

遠くに茶色い煙が見えた。近寄ってみると、森が炎を上げていた。そこはWWFとウィルマーが「価値が高い」森に指定した雨林だった。本当なら保護されなければならない場所だ。どうやらウィルマーはWWFとのささやかな約束すら、守ろうとは思っていないようだ。

グリーンウォッシュ

パームオイル業界との密接な関係を批判されると、WWFは敏感に反応する。そして土地利用の指定をしているのはWWFではなく、現地政府であると言う。企業がひとたび土地利用権を取得すれば、熱帯雨林の伐採は合法だ。さらに、インドネシアには「経済発展」をする権利がある。大規模単一栽培が進むのを誰にも止められない、とWWFは主張する。だが業界と対話を続ければ、運営に関わる「より良い」決定をさせられる可能性がある。WWFはこの戦略を推し進め、二〇〇四年には多国籍食品企業ユニリバーと協力関係を結んだ。生産者や貿易業者などの主だったプレーヤーを招いて、持続可能なパームオイルのための円卓会議（RSPO）を設立したのだ。RSPOの本部はチューリッヒにある。これまでに五〇〇以上の生産者、貿易業者、金融機関が有料会員として加盟した。会員名簿には、バイエル、カーギル、デュポン、ヘンケル、三菱、ネスレ、シェル、ADM、IKEA、ユニリバー、ラボバンク〔訳注：オランダの銀行〕、HSBC、そして巨大エネルギー企業RWE〔訳注：ドイツの電力会社〕などのそうそうたるメンバーが名を連ねる。彼らが加盟しているのは、「持続可能」ラベルが利益になるからだ。それだけではない。二〇一〇年にEU再生エネルギー法が施行されて以来、認知度が高まった「持続可能性」認証は、ヨーロッパのバイオ燃料市場でパームオイルを売る必須条件になった。

WWFはRSPO理事会メンバーだ。業界パートナーたちと協力して国際基準を作成した。その基準を満たす者なら誰にでも、あこがれの持続可能性マークが与えられる。ノーディンはRSPO認証など誰も真に受けていないと言う。彼の所属する地球の友は、円卓会議が設立されてすぐに不参加を決めた。グリーンピースも同じだ。「こんなわかりやすいイカサマのラベルに協力できるわけないだろ」とノーディンは言う。「持続可能な単一栽培なんて存在しない。森が自然に再生するチャンスがなくなるんだから。ほんの少し木を残すだけで、あとはすべて破壊されてしまうんだ」。

ノーディンはRSPOの基本方針を例に挙げた。基本方針には、簡単に良い気分になれる項目が並んでいる。奴隷労働・児童労働を禁じる。農薬などの化学薬品は「適正に」貯蔵しなければならない。だが、「二次雨林」に影響を及ぼさない限り、熱帯雨林の皆伐は続けても良い。企業の活動を邪魔するものは何もない。二〇〇五年に基本方針への合意が効力を持つ以前に、すでに伐採されて二次林が育った九〇〇万ヘクタールがあるからだ。いわゆる、予防措置ってヤツだ。

二次林を伐採しに来る企業には、持続可能性認証が与えられる。何の問題もない。だがノーディンは自分の経験から、原生林もチェーンソーの餌食になると確信している。「たとえば、一次林エリアを伐採してRSPO基準に違反した企業でも、認証はもらえるんだ」。ここで通用するのはまさにジャングルの掟だ。企業が基準を遵守しているかどうかを監視する独立機関はない。基準に法的拘束力はなく、業界の自主性に任されている。

私は認証手続き中のプランテーションを見たいと思った。そこに向かう道中でノーディンは、以前、あるパームオイル企業の持続可能性担当者と交わした会話のことを話した。「俺は持続可能なプランテーションと普通のプランテーションの違いを教えてくれと言った。彼はただこう言った。同じだろう?」

目的地までは二〇キロメートルほどだった。ケリー・サウィット・プランテーション。ここもウィルマー・インターナショナルのプランテーションだ。成長したオイルパームの木々がたわわに実をつけていた。最初の実が収穫できるまで五年の歳月がかかる。オイルの利益が出るのが待ちきれない企業にとっては、長い時間だ。私たちが訪れたとき、ケリー・サウィット・プランテーションは認証取得の手続き中だった。ドイツ技術検査協会TÜVラインランドが技術評価を行なう。契約料は良いお値段だ。認証一件につき約七万ドルもかかる。高すぎて大企業しか参加できない。地元の小さな生産者は実質的に「認証された持続可能なパームオイル」市場から締め出されている。

ジープを降りたとたん、鼻を覆いたくなった。製油工場から流される未処理排水の悪臭がすさまじい。排水はフタのない側溝を流れ、地中に直接染み込んでいる。近くの川も汚していた。それでもこのプランテーションは、認証のグリーン・マークをほぼ確実に受けるだろう。インドネシアの法律は、ウィルマーのような強大な企業が相手だと目をつぶるようだ。

ノーディンは緑色の有害排水の池を前にして、絶望的な気分で呆然と座っていた。「WWFは何を考えているんだ。こんなものが持続可能だなんて。もうここでは、何も育たない。プランテーションの中には生物多様性なんてない。何もかもが死んでいる。ここに残っている動物といえばネズミぐらいだ。WWFがやっているのは企業犯罪のグリーンウォッシュ〔訳注：環境に配慮しているように見せかけること〕だ。その上、金までとるんだからな」。

ビジネスモデルとしてのWWF

プランテーションを見て回っている間、パラコートのラベルのついた農薬缶を見かけた。なぜこんな有害物質がおいてあるのだろうか。パラコートは地球上で最も有害な除草剤の一つとして悪名高い。ヨーロッパでは欧州司法裁判所の決定で使用が禁止されている。パラコートはほんの少量でも恐ろしく危険なため、原産国スイスでも使用禁止だ。すでに地球上で何千人ものプランテーション労働者が、パラコートの霧を吸い込んで深刻な長期の健康被害を被り、場合によっては死亡している。そのため、チキータやドールといった大手バナナ生産者でさえ、今ではプランテーションでこの除草剤の使用を禁止している。なのに、ここでは許されているのか？　「持続可能な」オイルパーム・プランテーションで？

RSPOの基準では、プランテーションでの有害物質の使用は控えるべきとなっている。RSPOの文書にはこう書いてある。「除草剤・殺虫剤の使用が人間や環境に害を与えてはならない」。だがパラコートの使用は許されている。そしてパラコートを製造しているスイスのシンジェンタはRSPOのメンバーで、WWFの公式パートナーだ。偶然か？

二〇一一年六月、WWFのオンライン・フォーラム宛てに、なぜパラコートを禁止に向かわせるために円卓会議を利用しないのかという質問が寄せられた。WWFドイツ中央事務所からの回答はこうだ。「RSPOのメンバーであるパームオイル生産者は、どのように有害物質を減らしていくか、または使用を中止するかに関する計画を示す必要があります。……さらにパラコートはRSPOにおけるWWFの『中心的業務』ではありません。私たちは、森林破壊という極めて重大な問題に力を注いでいます」。もちろんこの回答の意味するところは、人権もWWFの「中心的業務」ではないということだ。

ドイツに本社をおく大手洗剤メーカー、ヘンケルも、円卓会議のメンバーだ。同社は高い会費を払った甲斐あって、二〇〇八年から二〇一四年の間に販売した新製品テラ・アクティブ・シリーズに、目立つように緑のパーム・ラベルをつけることができた。ターゲットは、熱帯雨林のために何かしたい、そのためには数セント余分に払っても良い、と思っている良心的な消費者だ。新製品のお掃除用洗剤は、ラベルに「持続可能性マーク」の緑のパームがついているだけではなく、不安な消費者を安心させてあげるための情報が書いてある。「テラ・アクティブは、再生可能原料がベースの洗剤です。強力な汚れ落ちと自然とを融合させました。おうちピカピカ。お掃除の進化形。テラ・アクティブはRSPO認証の持続可能なパーム製品を応援しています……」。

パームオイル業界が熱心に破壊しているのは、インドネシアに残る最後の雨林ばかりではない。アフリカや中央・南アメリカでも同様に、広大な土地を買い上げ、大事な金ヅルである植物油のビジネスブームを盛り上げている。北半球でバイオ燃料が使われれば使われるほど、EU各国政府が言うところの気候変動への影響が改善したように見せかけられる。少なくとも、書類の上だけでは。南半球の国々は、このエコ詐欺の犠牲となる。多くの地域にとってバイオエネルギー部門の成長は、食用作物の耕作に適した土地が失なわれることを意味する。そして地元の小規模農家や、農家と共に存在する文化全体が破壊されることになる。WWFスタッフを取材すると、彼らは「そんなことより、もっとひどいこと」が起こらないように取り組んでいるだけだと繰り返し主張する。だがノーディンは、そんな主張をはねつける。彼らの主張は単に理屈が通らないだけではない。「WWFは全体を統括する立場だ。RSPOの持続可能性詐欺は、WWFがいなかったらうまくいかない。WWFがいるから、もっともらしく見えるんだ。まったくロクでもないよ」。

ヘンケルのホームページを見ると、中身のない宣伝文句がノーディンの言葉を裏付けている。「ヘンケルはWWFと共に、パームオイルとパーム核油〔訳注：オイルパームの種子から採取される油〕の持続可能な生産を支援しています。このように、熱帯雨林を保護するために価値ある貢献をしているのです」。善良な消費者には音楽のように聞こえるのだろう。だがこんな緑の讃歌の調べが、耳障りな事実からやすやすと人々の注意をそらしてしまう。ヘンケルが守るフリをしている熱帯雨林は、初めからぶち壊されているという事実だ。ぶち壊されているからこそ、その土地を格調高い「持続可能」ラベルのパームオイル製品のために利用できるのだ。

ヘンケルのホームページはこうも言っている。二〇〇三年から同社は、「WWFのインドネシア熱帯雨林キャンペーンをサポートしています」。WWFは、この「サポート」にご褒美を与える独創的な方法を編み出した。パームオイル購買者の国際コンペだ。二〇一一年、ヘンケルはWWFの「バイヤー点数表」で満点の九点を獲得し、ワールドクラスのバイヤーと認められた。持ちつ持たれつの関係だ。

WWFの仲間になれば、ヘンケルのような企業は商売の内容も企業イメージも安上がりにグリーンウォッシュできる。こんな風に免罪符として持続可能性認証を組織的に利用していると、今に壊滅的な結果を招くことになるだろう。巨大アグリビジネスが、これまでどおりの行動を取れるように手助けしているのと同じだからだ。欧米の消費者や政治家がインチキなラベルにだまされ続ける限り、業界は青信号のままブレーキもかけずに生態系破滅への道をひた走ることになる。

センブルーの夜

プランテーション内を走っていると、ときおり赤いパームの実を製油工場に運ぶトラックと出くわす。数キロメートルごとに、プランテーション労働者を収容する平屋のバラックが建っている。あるバラック村の前で、RSPOが定めた八項目の「指針」が木の板に書かれているのを見つけた。

一　透明性の確保
二　準拠法・規制の順守

三　経済的・財政的な長期的継続性の確保
四　栽培者・製油業者にとって適正な最善の工程の実施
五　環境への責任と天然資源・生物多様性の保全
六　栽培者・精油業者によって影響を与えられる従業員、小規模農家、その他の個人・共同体への配慮責任
七　新規栽培地の責任ある開発
八　主要活動分野における改善の継続

ＲＳＰＯ指針の中には実にマトモな項目があるとノーディンは言う。「たとえば指針の六番目の実施規定では、地元の人々の土地利用権を尊重しなければならないとうたっている。言っていることは素晴らしい。だが残念ながら現実はそうなっていない。実際には、インドネシアという国は法律に則ってなんかいないからね。ＷＷＦはここの政治的現実に無視を決め込んで、責任を逃れているんだ」。突然、ウィルマーの警備の車が私たちのうしろに現われた。ノーディンはアクセルを踏んだ。そういえばこのエリア全体が、民間企業の土地だった。

日の暮れる頃、センブルー村に到着した。同じ名の湖のほとりにある村だ。多くの村民が、湖沿いの伝統的な高床式住居に住んでいる。まだボートで漁に出ている漁民もいた。水際では木製の桟橋のあちこちで人々がしゃがみこんで衣類を洗濯したり、川の水をバケツに汲んで水浴びをしたりしていた。そのとき祈禱の合図が鳴り、皆が俗世の活動を止めた。センブルーの人々は皆、イスラム教徒だ。

私たちの訪問の三年前まで、村のほとんどの人は農民だった。家具の材料にする籐やゴムの木といったダヤク族の伝統的な森林作物を育てていた。収益は良かった。合成ゴムというライバルはあるが、上質のコンドームやチューイングガムには今でも天然ゴムが使われているからだ。小規模農家だった彼らは、換金作物の木の間にドリアン、マンゴー、バナナなどの果物の木やイネを植えた。混合樹種の森は、多くの動物にとって安心できる生息地だ。地元の人々の生活水準も高く維持できる、本当の持続可能な経済だ。

森の小規模農業は、今では農民たちの記憶の中にしか存在しない。彼らの森の農園は、とっくにブルドーザーで踏みつぶされてしまった。インドネシアでは、森林自体は国の所有物だ。原則として、農民は使用権を持っているだけだ。だが中には、合法的な権利証を持つ者もいる。企業は、そうした個人からは土地を買うことになる。実際、突然の儲け話にセンブルーの多くの村民は、土地を売ってしまった。彼らは今、新車のスクーターで村のメインストリートを走り回ったり、村を取り巻くプランテーションへと朝早く出勤したりの毎日だ。

親切に屋根裏部屋を一夜の宿に提供してくれたハディドは、土地を売らなかった。台所の床に座って夕食をとっているとき、彼はその理由をこう説明した。「金なんかすぐに使ってしまうし、会社は四十五歳までしか雇わない。そのあとどうすれば良いんだね? 売るなんてバカなことだよ」。ハディドは毎日、森林農地の世話をする。土地を売ってしまった者の何人かが、今では彼のところで働いている。彼の妻は村で金物屋を営んでいる。ハディドは裕福で、村民の尊敬を集めている。皆、彼の言葉には耳を傾ける。

その夜、彼の家は村民でごった返した。皆、抵抗運動の計画を立てに集まったのだ。すでに湖のほとりには製油工場が三つもできていて、排水が湖を汚染していた。村民たちは、魚がすべて死んでしまうことを恐れている。漁は彼らに残された最後の収入源であり、村民にとって魚は最も重要なタンパク源だ。ノーディンは議論を追いかけながら、ハディドのパソコンに要望書の出だしの文章を打ち込む。次の月曜日に、村民全員で州都まで出かけていく計画だ。湖のそばにできることになっている四番目の製油工場の建設差し止めを知事に要望する。

議論が白熱した頃に、ノーディンの携帯電話が鳴った。匿名送信者からのメールだった。「センブルーにいるのはわかっている。今すぐ出て行け。さもなければお前を永久に始末する。どこにいてもお前を見つけ出す。知事も警察もこちらの味方だ」。ノーディンは業界にとても評判が悪い。農民を扇動して騒ぎを起こし、商売の邪魔をするヤツだ。彼は肩をすくめてSMSスクリーンを閉じた。殺害の脅迫を受け取るのは、これが最初ではなかった。

バクタランという四十歳代半ばのやせた農民が、森林内の土地の権利証を私に見せた。五ヘクタールの土地は、彼の両親が所有していたものを譲り受けたのだという。「だが会社は役人に袖の下を使って、俺はすべてを失った」。彼はただ運命を受け入れたのか？　彼は答える代わりに、明日、自分の森を見に来るかと私に尋ねた。

夜明けとともに、私たちはヤブの中を歩き始めた。バクタランは、皆が前に進めるようにマチェーテで下草をさばいていった。急に立ち止まると、彼は出し抜けにこう言った。「着いたよ。ここが俺の農園だ」。だが見えるものといえば、ヤブの合間に林立する一・五メートルほどのオイルパームだけだ。「ある朝、ブルドーザーが来て、俺の森を踏みつぶしていった。ちょうどここに、大きなゴムの木があった。親父から譲り受けたものだ。俺はウィルマーの管理事務所に文句を言いに行った。つまみ出されたがね」。

オイルパーム林の合間に、バクタランは材木とオイルパームの葉でオンボロ小屋を作った。所有権を主張するための象徴としての小屋だ。「この五年間、だいたい毎日ここに来ているんだ。会社が俺を追い出すために軍隊を連れてきたこともある。でも俺はあきらめないよ」。

バクタランは手近なオイルパームの木に向かってマチェーテを勢いよく数回振り下ろし、見事に切り倒した。これは会社の資産の破壊だ。インドネシアの法律で犯罪に当たる。同じことをした他の農民たちは今、拘禁されている。囚われている農民は、インドネシア中で三〇〇人以上にもなるという。

バクタランに話を聞いた数週間後、彼が五年間の法廷闘争の末に勝訴したという連絡を受け取った。ウィルマーは敗訴し、法的権利を有する所有者に土地を返さなければならなくなった。そこに植えられたオイルパームも込みである。法の原則が勝利した、まれなケースだ。

パームオイル戦争

ジャカルタで会ったＷＷＦパームオイル担当アマリア・プラメスワリは、ＷＷＦが犯罪行為を行なう企業と結託しているという批判に対して弁解した。彼女はウィルマーのような現代企業といえども適正に行動しないこともあるとは認めたが、少なくともＷＷＦに対して「できる限り」熱帯雨林を保護すると約束したという。「これ以上雨林を破壊しなくても、インドネシアには劣化した土地が十分にあります」。プラメスワリは自分の主張を裏付けるために、ある統計を持ち出した。インドネシアでは五〇〇万から七〇〇万ヘクタールの土地が休耕中だそうだ。でもその広大な土地はどこにあるのか？

今回のインドネシアの旅で、誰にも何にも利用されていない土地を一ヘクタールも目にしたことはなかった。若きWWF職員は、慎重に前言を撤回しようとした。「とても難しい問題です。たいていの場合、土地は必ず誰かのもので、争いが起きてしまいます。争いは双方の合意で解決されなければなりません。住民の立ち退きに関して、私たちは違法なやり方や一方的なやり方は受け入れません。円卓会議は友好的な解決策を求めています」。

囚われた農民　スマトラ

彼女に、スマトラ島の地方刑務所で撮ったビデオを見せた。一六人の囚人が養鶏場のニワトリのように狭い監房に閉じ込められている。彼らは皆、ジャンビ州〔訳注：スマトラ島中央部の州〕出身で、何十年も使用してきた土地からオイルパームを盗んだ罪に問われている。憔悴した男たちは、鉄柵の向こうで助けを求めていた。一人がこう言った。「子どもたちをどうやって食わせていけばいいんだ。助けてくれ。もうどうしていいかわからない。ヤツらは俺たちをここから絶対に出さないつもりだ」。

アマリア・プラメスワリがこの農民の言葉に動揺したのは一目瞭然だった。信じられないという様子でこう言った。「そうですね、私個人としてはこんなケースがあるなんて、今まで聞いたことがありません。ウィルマーが本当にこんなことをやっているのなら、もちろん大変残念なことだと思います。ですが、ウィルマーはインドネシアの別の地域でも持続可能なプランテーション運営をしています」。ウィルマーも、ときには良いことをするらしい。自分に言い聞かせるように、彼女はこう言った。「WWFは良いバイオエネルギーだけを支援します」。

だがそんなことは、囚われの農民たちにとって何の慰めにもならない。彼らは皆、スク・アナク・ダラム族〔訳注：インドネシアのジャンビ州と南スマトラ州の先住民族〕だ。刑務所で彼らを録画してから数カ月後、スク・アナク・ダラム族とウィルマーとの抗争は激しさを増し、ひどい暴力事件に発展していた。二〇一一年八月十五日、ウィルマーの子会社PTエイジエティック・プルサダは、スンガイ・ブアヤン村〔訳注：ジャンビ州南部の村〕の反乱分子の家を一掃するために民兵を送り込んできた。スンガイ・ブアヤン村は、同社のプランテーションのど真ん中に位置している。三〇〇人の武装民兵が住居を取り囲み、武器を持たない村民に向かって発砲した。村民はパニックに陥って逃げた。そこが自分たちの土地だという固い信念で、立ち退かずにそこに住んでいた村民たちだった。ウィルマーがかつての彼らの土地を奪ったのは、この事件から九年も前のことだ。

四人の子どもを持つイーダは、銃声が聞こえたとき、コンロの前で料理をしていた。「そのとき、ご飯を炊いてたの。子どもたちを守ろうと思って、兵隊にご飯を投げつけてやったよ。銃で撃たれて、ケガして倒れた人もいたね。手術が必要なほど重傷だった。銃撃のあと、家が重機で潰されたんだよ。何もかも壊されちゃったよ。食べるものも着るものも。これから、どうやって生きていけばいいの」。

熱帯雨林出身の小柄で人懐こい彼女は、ドイツ北部の町ブラケを流れるヴェーザー川を小さな旅客船で遡っているときに、この話をしてくれた。村への襲撃の四カ月後、イーダと夫のビディン、末っ子のアグンは、彼らの部族によってはるばるヨーロッパに送り出された。彼らは、ヨーロッパ企業がパームオイルを使うことで、森の先住民族がどんなに犠牲になっているかを伝えに来たのだ。ヨーロッパまで代表団を送り込まれるのをなんとか阻止しようと、土壇場でウィルマーはプランテーション付近の労働者居住地に、村民のための新しい住宅を建てると言い出した。「そこで何をしろっていうの？　私たちは施しなんかいらない。土地を返してほしいだけ」。ウィルマーとの交渉は何の生産性もなく、成果は「空約束」とコメ二袋だけだった。ウィルマーはクリスマス直前に米袋をおいていった。村民七〇〇人に米二袋とは。

スマトラ襲撃の犠牲者を乗せた船は、ブラケの港に近づいた。ウィルマーが経営する近代的な精油工場がある場所だ。ここでは、マーガリンや化粧品や洗剤にするために日量二五〇〇トンの精製油を生産している。グローバル企業のロゴが、メインビルの上部についている。遠くからでもよく見えるはずだが、イーダにはその看板が読めなかった。彼女は文字が読めないからだ。夫のビディンが社

イーダ、夫のビディンと子ども
船上にて

名を声に出して読み、怒りに震えた。「村の入り口に立ってる看板と同じ名前だ。俺たちの森のど真ん中、ご先祖様の土地にな。その下にこう書いてあるんだ。『ウィルマーの所有地につき立ち入り禁止！』」彼は製油工場の煙突からたなびいている煙を見上げていたが、やがて考えるのをやめてこう言った。「すべては森からこんな離れたところで、マーガリンを作るためだっていうのか」。

ヴェーザーマルシュ〔訳注：ヴェーザー川下流の左岸一帯〕を川に向かって車で走っている間、やせ衰えたとはいえタフで意思の強いビディンは、グローバリゼーションの奇妙なやり口について黙りこくって考えていた。道路の両脇には青々とした牧草地と、大きな平屋建ての畜舎から十二月の冷たい空気に立ちのぼるウシのフンの湯気が見えた。「なぜだ」ビディンは私に言った。「あんたらは、なぜバターだけを食べないんだ。こんなにウシがいるじゃないか。どうしてマーガリンを食べなきゃいけないんだ。それが俺たちの生活を破壊するというのに」。

ビディンはこれまで一度も生まれ故郷の森を離れたことがなかった。強風の吹き付ける中、ヴェーザー川を渡る船の上で、彼は寒さに身震いした。彼を最も悩ませているのは、子どもたちの将来だった。「もう外で遊ぶこともできない。化学物質の茶色い液体が、プランテーションのあちこちに流れている。子どもたちが触っただけでも病気になるか、死んでしまう。ゴムの木の登り方や籐家具の作り方を教えてやることも、もうできない。何世紀もかけて蓄えてきた知識が、すべて失われた」。

ビディンの部族の土地に作られたプランテーションは、まもなく持続可能性認証を受けるだろう。だがだからといって、彼の森が戻ってくるわけではない。マーガリンのラベルに「持続可能な原料で作られています」と書いてあると、前より美味しく感じるのだろうか？

第七章　エコ免罪符売ります

世界エタノール・バイオ燃料会議が、ジュネーブのホテル・インターコンチネンタルで開催された。大ブームのバイオエネルギー業界から数百人の経営者がスイスの豪華ホテルに集まり、新技術やマーケティング戦略について話し合う。業界は、ベルリンからWWFバイオマス部門の責任者を招き、マーケティング側からの専門知識を提供することになっていた。洗練されたビジネス「スーツ」集団の中で一人、黒のブレザーをエレガントに着こなした彼女は、とても居心地よさそうだった。WWFの仕事をする以前、彼女はドイツ・エタノール協会常務理事のアシスタントだった。ある裁判における和解の結果、私はもう彼女の実名を出すことが許されなくなった〔訳注：二四九頁の解説参照〕。マダム「X」は会議場の演壇に上がり、機嫌よくしゃべり始めた。「WWFは他の自然保護団体とは違います。建設的に物事を進めます」。WWFが承認する「持続可能な」バイオ燃料認証を取得した企業は、安全圏で「輝かしいビジネスを続けられる」だろうと彼女は言った。そして彼女は、「グッド・ニュース」をもう一つ持ってきていた。WWFは世界中で、今まで以上の面積の土地を燃料作物に「充当する」方向だという。彼女のスピーチは会場の出席者から暖かい喝采で歓迎された。

講演が終わると、私は大勢の人の中に紛れてしまいそうな彼女に近づいた。法的な理由により、私は彼女の名前をここで出すことはおろか、WWFと業界との団結を正当化する彼女の発言を引用することもできない。ケルン地方裁判所が下した決定により、バイオマス女史はこんな風に本の内容に口出しできることになってしまった。私はドキュメンタリーフィルム「パンダたちの沈黙」のために彼女にインタビューを行なったが、彼女の発言を書籍という形で発表することに彼女は絶対に合意しなかった。

慈善銀行

HSBCのビルは、ロンドンのカナリー・ワーフ地区〔訳注：ロンドンで古くからの金融センターであるシティに対抗する新金融街。HSBCタワーを初めとするイギリスの三大高層ビルが建つ〕にあるガラスと鋼鉄の堂々たる宮殿だ。ロンドンで最も高価な物件と言われている。HSBCは香港・上海バンキング・コーポレーションの略。設立は一八六五年で、ヨーロッパ最大級の銀行である。HSBCはパームオイル産業にとって心臓であり、ここからパームオイル・ビジネスの血管に何十億ドルもの資金が流れ込んでいる。HSBCはまた、ある気候保護プログラムに一億ドルを寄付している。WWFとの共同プログラムである。それを腐れ縁と考えるのは、もちろん無礼千万なんだろう。

HSBC持続可能性部門の責任者フランシス・サリバンは、ビルの上層階で私を迎えた。HSBCタワーの高みに登る以前、彼はWWFイギリス自然保護部門のディレクターだった。彼が雇用主を変えたことで、HSBCとWWFの「戦略的パートナーシップ」に基づく良い関係が「強固になった」と、彼はいささか自慢げに言った。彼の銀行は今、世界で「最もグリーン」だ。「あなたが今いる高層ビルは、カーボン・ニュートラル〔訳注：企業活動全体で二酸化炭素の排出と吸収がプラスマイナスゼロの状態〕なんですよ」。

世界中に、ＨＳＢＣほどバイオエネルギーという新分野に多額の貸付をしている銀行はない。「私たちは再生エネルギーを信じています」とサリバンは強調するように言った。「そしてその責任を分かち合っていくつもりです」。この緑のゴールドへの投資は、リスクも高い。オイルパームの最初の実が収穫できるまでには、五年の歳月がかかる。企業がそのタイムラグを埋めるには、大金が必要になる。そこにＨＳＢＣや世界銀行が入り込むというわけだ。この二つの金融機関の戦略的パートナーがＷＷＦだ。良いのか悪いのかよくわからないバイオ燃料産業に対する世界中の人の疑念を晴らすために、パンダ・ブランドの安心感が必要となる。

フランシス・サリバンは、私のこの仮説を「大変大胆ですね」と言った。ＨＳＢＣの巨額な「寄付金」に対する私の批判的な指摘にも、彼はどこ吹く風だった。「一億ドルはＷＷＦの報酬ではなく、ごく普通の慈善的な寄付金ですよ。ＷＷＦなどのパートナーと共に、このお金を使って世界有数の河川、たとえば長江〔訳注：揚子江として知られる中国の川〕などを守りたいと思っています」。大金を寄付することでＷＷＦのポリシーに影響を与えることがあり得ると、サリバン氏は思っているだろうか？「ＷＷＦは買収などされませんよ。だが、それはＷＷＦに聞くべきですね。私は彼らを代弁することなどできません」。

パームオイル産業に関しては、ＨＳＢＣはＷＷＦと共同で練った戦略に従っているとサリバンは言った。「私たちが行なうことは、ＷＷＦが行なうこととほとんど同じです。私たちは持続可能性がビジネス原則として広がればと願っています。パームオイル産業から融資を求められれば、私たちは彼らの生産方法を

ＲＳＰＯ基準に従って変更するように強く勧告します。私たちは、自分たちの責任を真剣に受け止めています。このルールを破る企業は、次回から私たちの融資を受けられません」。

これまでにルール違反で実際に融資を断られた企業があったのか？　フランシス・サリバンは、それについては語りたがらなかった。企業秘密だそうだ。自分の銀行の金でパームオイル産業がインドネシアやマレーシアの熱帯雨林を焼き払っているのを見て、元プロの環境保護活動家として苦悩しないのかと聞いてみた。サリバンは重箱の隅をつつくような小言に対し、完全な合意を示して頷いた。「認証システムはできたばかりですから、完璧ではない。しかし良いスタートを切ったと思っています。今も努力を続けていますよ」。私はもう一度同じことを尋ねた。「何百万ヘクタールもの森が焼き畑方式で皆伐されて、その結果、大量の二酸化炭素が排出されています。あなたの銀行がそれに融資をしている。あなたは何年もプロの環境保護活動家だったわけですが、本当に何も感じないのですか？」フランシス・サリバンは、イギリス流の冷静さでこう答えた。「うしろ向きな質問ですね。それよりも、現在の問題について一緒に何ができるかを話しましょうよ」。私は諦めた。ＷＷＦディレクターから銀行のマネージャーへの転身が大成功だったことだけは、よくわかった。

スマトラ暴動

フェリ・イラワンはプロの測量技士だ。ウエーブのかかった長い髪は、ちょっとインドネシアのチェ・ゲバラという感じである。自分の故郷スマトラで持続可能性の名の下に行なわれた人権侵害は、二つの国際組織の共犯だと彼は考えている。「ＨＳＢＣとＷＷＦは、スマトラでパームオイル産業が頻繁に行なう犯罪行為の国際的隠蔽に加担している。ＨＳＢＣが一億ドル出してＷＷＦが使うというのは、偶然の一致ではない。ＷＷＦの手を借りることで、パームオイル産業は破壊的な単一栽培を『持続可能』として国際市場にうまく売り込むことに成功した」。

フェリ・イラワンは、スマトラのジャンビ州の農民蜂起でリーダーと仰がれている。フランシス・サリバンとかいう男の持続可能レトリックに、彼はただ軽蔑したように肩をすくめた。「小規模農家のためのプログラムの一環で農民に融資しているのだから、自分たちは農民を援助しているのと同じだとＨＳＢＣは言う。融資は事実だ。だが農民は自分の土地にオイルパームを植えなければ、その融資を受けることができない。それでは、オイルパームの犠牲になる土地が増える一方だ」。フェリ・イラワンは、私に一枚の写真を見せた。彼の村カラン・メンダポの農民たちが、ＨＳＢＣの子会社ペルマタ銀行の前でデモをしている写真だった。「銀行は俺たちを破滅させたいんだ。八八〇億ルピアを返済しろと言うんだからな」。

フェリ・イラワン　スマトラ、ジャンビ州

八八〇億ルピアといえば一〇〇〇万ドルだ。パームオイル企業シナール・マスが借りたローンを、農民たちに返済しろというのだ。同社は銀行から借りたその金で、フェリ・イラワンの故郷の村カラン・メンダポの農民たちの土地のど真ん中にプランテーションを作った。二〇〇三年のことだ。シナール・マスは政府と個人的にも政治的にも密接なコネがあり、その土地を確保できると当て込んだのだった。だが地元の小規模農家は降伏せず、奪われた自分たちの土地を占拠して抗議した。裁判にも訴えた。五年間の法廷闘争の末、二〇〇八年に民事裁判所は農民勝訴の判決を下した。シナール・マスは土地の返還を命じられた。

「パームオイル業界から見れば、村の勝利は危険なことだ。インドネシア中の抵抗の手本になってしまうから」とフェリ・イラワンは言う。「だから会社は仕返ししてきた。俺たちの中から一人、いけにえを選んだ」。ムハマド・ルスディ新市長は、農民蜂起のリーダーの一人だった。彼は、シナール・マスの雇ったチンピラにひどく殴りつけられ、警察の保護を受けた。数カ月後、今度はその警察に逮捕された。「匿名のタレコミ」で、彼の事務所に大量の現金が見つかったというのだ。「収賄」の容疑だった。裁判で彼は完全な無罪となった。何者かが彼の評判を落とそうと、金をおいていったことがわかった。

この恐怖と脅しの手口が失敗したので、農民たちを屈服させるためにローンの返済を要求してきたのだとフェリ・イラワンは考えている。HSBCの法的な言い分はこうだ。農民たちはこの投資の便益を享受したのだから、ローン返済の責任を負っている。農民たちが融資を望んだわけでもなかったのに、だ。フェリ・イラワンはこの争議に解決策を見いだせない。「農民が法廷で勝つ見込みはほとんどない。だが返済できるわけもない。そんな大金をどうやって払えというんだ。ローン返済がダモクレスの剣〔訳注：イタリアの故事に由来する言葉で、頭の上に細い糸一本で剣がぶら下がっている危険な状態を表わす〕のように、村の上にぶら下がっているんだ」。

「俺は、本当は環境保護活動家なんだ」とフェリ・イラワンは言った。ときどきそのことを自分に言い聞かせなければならないようだ。地球の友スマトラの共同設立者である彼は、絶滅の危機に瀕するオランウータンやトラの保護といった本来の業務を果たす時間をほとんど持てない。「パームオイル・マフィア」のせいで、抵抗運動に関与せざるを得ない。農民や先住民は、自分たちの権利のために結束して戦わなければ勝算はないと彼は思っている。

ＷＷＦの「グリーンウォッシュ・ポリシー」がパームオイル産業のビジネスを拡大させているのは、フェリ・イラワンにはわかりきったことだった。どの争議においても、ＷＷＦの基本姿勢は企業寄りであり、決して農民寄りにはならない。パームオイル産業、州政府、ＷＷＦの三者の取り決めによって、彼の生まれ故郷のスマトラに二つの新しい国立公園ができることになった。だがそんなことでイラワンがＷＷＦへの見方を変えたりはしなかった。「この国立公園は、土地利用計画の一部だ。政府とＷＷＦが密室でこの国の地図に線を引いた。その土地の大部分は皆伐されることになっている。国立公園を作るのは、その隠れ蓑にするためだ。問題は、国立公園に指定されるエリアの人々も立ち退かされるということだ。クリンチ・スブラット国立公園〔訳注：スマトラ島西岸にあるインドネシア最大の国立公園〕で、最初にこれを経験した。ＷＷＦと世界銀行が共同で、公園の境界線を引いた。何万人も再定住させられた。住民が大量に再定住させられたあとでさえ、国立公園内の熱帯雨林は伐採され続けたという事実を俺は知っている。トラの生息数も減り続けた。プロジェクトは完全に失敗だ。しまいには地元民が怒って、ＷＷＦ職員の車に次々と火を放ち始めたよ」。

スマトラには莫大な利権がある。この国の熱帯林とパームオイルで利益を上げたあとには、炭素排出権の取引という新たな儲け話が用意されている。ここでもまた、ＷＷＦはコンサルタントとして重要なサービスを提供する。カラクリはこうだ。企業が商売のために森を伐採し、特に価値の高いほんの少しのエリアだけ開発留保すると「回避された炭素排出量」が排出権として与えられる。このカーボンオフセット・システムは、国連REDD（森林減少・劣化に由来する温室効果ガス排出削減）プログラムの生み出したものだ。REDDは気候変動に関する政府間パネル（IPCC）の一派である。そしてカーボン・クレジットは、パリの排出権取引所において高値で取引される。

気候問題でお金を稼ぐ魅力的な方法がもう一つある。こちらも人気沸騰だ。パームオイル業界の企業が「気候に優しい技術」に投資すると、もう一つの国連プログラム、クリーン開発メカニズム（CDM）から排出権をもらえる。たとえばこのプログラムの下で、ウィルマーが精油工場でディーゼルの代わりにバイオ燃料を使用すると、カーボン・オフセットと再生エネルギー証書（REC）がもらえる。

これでもまだ足りなかったと見えて、アグリビジネス業界は気候を現金に変える「第三の方法」を考え出した。休耕地やもともと皆伐されていた土地にオイルパームを植えれば、「森林再生事業」になるはずだ、とシナール・マス、ウィルマー、カーギルは考えた。これでRECがもっともらえるだろう。まったく有難いことだ。

このバカげた厚かましいアイディアは、実際に二〇一〇年に法案として欧州委員会に提案された。いくつもの環境NGOから大反対されて欧州委員会はこの法案を提出しなかったが、森林再生のアイディア自体は保留になった。IPCCが公式に認めれば、まだチャンスはある。国連食糧農業機関（FAO）の基準によれば、オイルパーム・プランテーションを「森林」と定義することは可能だ。五メートル以上に成長した成木で構成され、「森林」の地面の一〇パーセント以上を樹冠が覆っていれば良い。そうすれば、すべての基準が満たされる。いずれは地球の緑の肺を全滅に向かわせる飽くなき努力が実り、パームオイル産業が憧れの排出権を手に入れる日が来るだろう。

認証制度：お安くしときますよ

ところが金をかけて一生懸命PRしても、RSPOはなかなか前に進めなかった。村民に向けた恐怖戦略や、煙を上げるインドネシアやマレーシアの熱帯雨林の様子が報じられ、パームオイルの評判はガタ落ちになった。あまりのひどさに、BTTP発電所〔訳注：Block-type Thermal Power: ブロックタイプ熱発電。発電と熱供給の両方を行なうタイプの発電〕では、インドネシアとマレーシアのパームオイルを使ってくれなくなってしまった。RSPOのグリーン・パーム・マークがついていてもダメだった。市民の抗議に直面した欧州委員会はさらに慎重になり、二〇一一年秋に暫定的にグリーン・パーム・マークの承認を見合わせることになった。そこでRSPOは、EU再生エネルギー・ガイドラインに沿うように基準を厳しくする必要が生じた。結局、RSPO基準は予定通りの期日に採択され、二〇一二年十一月にEUはグリーン・パーム認証を承認した。

だが業界はその間も待っていられなかった。幸運にも彼らのパートナーであるWWFが、万能のカードをまだ手元に持っていた。それは国際持続可能性カーボン認証という長たらしい名前の新たな認証マークだ。略してISCCという。燃料になるすべてのバイオマス生産物に対して適用される。ISCC協会はケルンに本部があり、WWFドイツのマルティナ・フレッケンシュタインが副議長を務める。理事会で彼女のそばに座るのは、お馴染みの面々だ。アグリビジネスの多国籍大企業、カーギルやADMの経営陣が並ぶ。ドイツ連邦食料・農業省がこの認証制度の発足にかかった費用を受け持ち、EUは驚くべき速さで「再生エネルギー」として適当であると承認した。

ISCC基準はRSPO基準とほとんど同じだ。違うところといえば、新たなシステムにはEUガイドラインに沿った気候目標が盛り込まれていることくらいだ。燃料としての植物性油脂の使用は、炭素排出の削減につながらなくてはならないというわけだ。ISCCは猛然とダッシュした。市場にデビューして最初の数カ月間で、この有限責任会社は七〇〇社以上ものバイオ燃料会社に認証マークを与えてしまった。認証のハードルは大して高くない。特に、WWFとRSPOで同席しているアグリビジネスにとっては楽勝だ。

マルティナ・フレッケンシュタインはWWFドイツのEU政策・農業・持続可能なバイオマス部門のディレクターであり、ISCC認証の産みの母として知られている。彼女はインドネシアへのプロモーション・ツアーを企画し、その気にならない実業家たち一人一人に「彼女の」マークのメリットを納得させる。「ISCCはすべてのタイプのバイオマスをカバーするグローバル・システムです。EU市場にも海外市場にも適用されます。企業の皆さんに、国際貿易に役立つあらゆるサービスを提供するワンストップ窓口です[原注37]」。

彼女は「自然」という言葉は絶対に使わない。アグリビジネス業界誌『トップ・アグラー』のインタビューで、マルティナ・フレッケンシュタインは耳寄りなヒントを提供した。すでに（RSPO）認証を持っている企業にとって、ISCC認証を取得するのは「何の造作もない。環境アセスメントなどの必要条件は既に満たされているから[原注38]」だ。

私の問い合わせに対し、そのようなケースでは包括的環境調査を企業自らが行なう必要がないとケルンのＩＳＣＣは請け合った。だから検査官がプランテーションや製油工場の状況を確認するのに、普通は一日しか、かからないという。ＩＳＣＣのホームページには、認証取得プロセスが簡単であることが強調してある。他の条件が満たされている場合、「要件を満たしていれば、評価範囲はグループ認証プロセスと文書監査によって最小化されます〔原注39〕」。

ＩＳＣＣ有限責任会社のヤン・ヘンケ博士は、この謎めいた文章の意味するところについて電話でこう説明した。「ある製油工場に一〇〇軒の農家から植物油が供給されている場合、その一軒一軒を調査するのは現実的ではない。そのため、私たちは生産者の一〇パーセントを調査するのです。ＩＳＣＣの基準を遵守すると約束しているので、残りの九〇パーセントは調査しません」。でも生産者の九〇パーセントが本当のことを言っていると、現地で誰か保証する人はいるのか？　「たとえば、卸売業者が保証できる地域もある」というのが、ヘンケ博士の回答だった。「卸売業者は、生産者が確実にＩＳＣＣ基準に従って生産しているということを私たちに伝える責任があります」。でも卸売業者は生産者をどうやって評価できるのか？　ヤン・ヘンケ博士によれば、彼らはその点をしっかり把握しているという。「卸売業者は、生産者が言うことを信用するか、もしくはもっと詳しく問い合わせるか、もしくは現地で自主検査を実施することもできます」。

つまり、ニワトリ小屋の警護をキツネにやらせるというわけか。カーギルなどのバイオマスのグローバル・トレーダーは、この便利な方法を使って刑務所釈放カード〔訳注：ゲーム盤、モノポリーに使用するカード〕を生産者に手渡せることになる。無駄なく効率的で、しかも非官僚主義的システムだ。生産・流通

・販売の、どの位置にいる者にも、得になる仕組みだ。おそらく、必要に応じて手助けやアドバイスを提供するWWFにとっても。

ISCC持続可能性認証は、カーギルとWWFがパームオイル・ビジネスで協力関係を結んだ二〇一〇年八月にデビューした。カーギルはアメリカの巨大穀物企業で、一三万八〇〇〇人の従業員を雇い、年間約四〇億ドルもの利益を上げている。世界最大のパームオイル・トレーダーであり、自社のプランテーションも経営している。だがカーギルは、ウィルマーやシナール・マスといった他の生産者からパームオイルのほとんどを調達している。要するに、自然や熱帯雨林の農民や先住民族に対する残忍な扱いで悪名高い企業から、ということだ。

カーギルのホームページには、WWFとのパートナーシップ契約のことが書かれている。その精神と目的は以下の通りだ。「カーギルはパームオイルの持続可能な生産にこれからもずっと関わっていくために、WWFと共同でインドネシアのパームオイル生産者のアセスメントに取り組んでいます」。彼らは、持続可能性に関するこんな月並みな定義を、金科玉条のごとく掲げている。「私たちはすでに、プランテーション経営において責任ある生産ポリシーを持っています。そして持続可能な生産の推進をあと押しするために、パームオイル業界やインドネシア政府と協力し、自らの役割を果たしていきたいと思っています。この協力関係は、私たちのプランテーションで行なわれている責任あるパームオイル生産に基づいています」。

レインフォレスト・アクション・ネットワーク(RAN)の専門家グループによって、カーギルがパームオイルを実際にどのように生産しているのか調査が行なわれた。サンフランシスコに本部をおくこの団体は、二〇〇九年七月から二〇一〇年三月までの間にカーギルの所有するボルネオの四つのプランテーションで犯罪性のある行為がなかったかを調べた。驚くべき結果だった。カーギルは広大な熱帯雨林を違法に伐採し、泥炭湿原を破壊し、地元の住民を強制移住させていた。専門家による報告書は、カーギルがインドネシアの法律に違反し、その上に自ら起草に参加した円卓会議（RSPO）の基準まで反故にしていたという証拠を報告している。原注40 そこには持続可能性のカケラもなかった。

WWFの持続可能性は、多くの会議やマスコミ報道で滑稽なほどよく練られた完璧な物語に仕上げられ、一般の人の広く知るところとなった。パンダがずば抜けた信頼を得ているからこそである。熱帯雨林が失われたあとの大規模単一栽培が「持続可能」であるはずはないという基本的事実が、なんとか気づかれないようにと認証産業は望んでいる。バカげたPRキャンペーンを打つことで、この根本的な矛盾はこれまでずっと見逃されてきた。

旗振り役の発掘

サイム・ダービーは、世界最大級のプランテーションを運営するマレーシア企業だ。同社は、持続可能なパームオイル・プランテーション産業を賛美する一見マジメなドキュメンタリー映像をイギリスのFBCメディアという広告代理店に作らせた。目的は、有名人をこの問題に関するオピニオン・リーダーに仕立てあげることだ。同社の内部資料に、そう書いてあった。

FBCメディアは見事にミッションを果たし、内部資料に書いたとおりにマレーシアのクライアントのために早速アクションを起こしてくれる「五人の旗振り役を発掘した」。同社はサイム・ダービーへのプレゼンで、PRキャンペーンをリードする五人の宣伝役を紹介した。ニューヨークの地球研究所〔訳注：コロンビア大学の研究機関〕所長ジェフリー・サックス教授、ロンドン動物園のトム・マドックス博士、国連開発計画のチャールズ・マクニール博士、コロンビア大学のシャヒド・ナイーム教授、そしてWWFのジェイソン・クレイ博士だ。原注41

これだけの大物を配備すれば、マジメなメディアで映像や記事をうまく発表させられると、同社はプレゼンで言っている。「サイム・ダービーが自然保護配慮において業界をリードしているというイメージが、FBCによるキャンペーンで強固なものになるだろう」。FBCがキャンペーン用「旗振り役」のギャラを公開することはないだろうが、サックス教授の地球研究所はサイム・ダービーから五〇万ドル以上の寄付があったことを公に認めている。

私はWWFの「旗振り役」ジェイソン・クレイに、サイム・ダービーの業務に関して金銭を受け取ったかどうかを尋ねた。回答はスイスのWWF本部を通して来た。

「クレイ博士はサイム・ダービーに発掘されたキャンペーン役ではありません。サイム・ダービーについてもFBCメディアについても、PRキャンペーンに関与しているという事実はありません。どちらの会社からも金銭を受け取っていません。その企業の事業でターゲットとしてリストに上がっていたとしても、ご指摘の報告書に述べられている事業には関与していません」。

長年にわたってサイム・ダービーから直接、定期的に金銭を受け取っているという事実を、WWFは無視している。二〇一〇年十一月から契約を結んでいるコンサルタント業務の報酬だ。サイム・ダービーによれば、契約の内容は「いくつかのプランテーションについて持続可能な経営の向上に向けた勧告の作成

のための研究」だそうだ。[原注42]

ＷＷＦとサイム・ダービーとのパートナーシップがうまくいっているのは、この金のせいだけではない。二者は人事においてもつながっている。ビジネスウーマン、キャロライン・ラッセルは、サイム・ダービーの監査役員であり、ＷＷＦマレーシアの会計役であり、ＷＷＦ理事でもある。

ＦＢＣメディアは事実、例のＰＲ映像（表向きはマジメなドキュメンタリーだが）を、うまく広めることができた。サイム・ダービーの慈善事業の物語は、ＢＢＣワールドなどの有名放送局に売れた。もっともＢＢＣではこのあと、この件がスキャンダルに発展し、報道機関としての品格の失墜について内部調査を始めたのだが。[原注43]

ブロークンハート・オブ・ボルネオ

近頃ＷＷＦは、人類や自然に対してパートナーたちが犯す罪を見過ごしていると、アジアの環境・人権擁護団体から突き上げをくらうようになっている。もちろん、そこから直接の利益を得ているという点でも批判されている。あのパンダは本当に善良なのかという疑問は、世界中に広まっている。以前はＷＷＦと協力関係にあった団体でさえ、今では距離をおくようになっている。たとえばグリーンピースは、パームオイルの持続可能性認証について「茶番」だと公言している。[原注44] 一方ＷＷＦは、自己批判する気配もない。耳に心地よく心温まる原生雨林の物語をでっち上げ、金持ち先進国の一般市民が寄付したくなるように、さりげなく魔法をかけるのをやめようともしない。

その心揺さぶられる物語の一つが、名高きＷＷＦプロジェクト、ハート・オブ・ボルネオだ。ＷＷＦから得た情報によれば、WWFと政治家・産業界との善意に満ちたつながりを利用して、イギリスほどの広さのボルネオ島〔訳注：インドネシア、マレーシア、ブルネイが領有する島〕の雨林を強奪的開発から守るプロジェクトだそうだ。ハート・オブ・ボルネオは、インドネシア、ブルネイ、マレーシアの国境を超えた保護プロジェクトだ。二〇〇七年二月、WWF主導の下に、上記三カ国の中央政府が熱帯雨林地域の保護を決意する宣言に署名した。WWFの要請を受けて、ドイツ連邦政府が費用を負担した。

だが問題があった。熱帯雨林を守るために使われる、これまでに例のない変わった手法がプロジェクトの説明に、はっきりとこう書かれていた。「天然資源の持続可能な利用への投資の促進。その結果、これまでのようなエコツーリズムによる乱開発から、パームオイルの持続可能な生産と持続可能な森林管理へと転換されます[原注45]」。つまりWWFロジックによれば、熱帯雨林は経済ファクターになって利益を出さなければ保護できないということになる。初めに熱帯雨林を破壊することになるとしても。

ハート・オブ・ボルネオ・プロジェクトは、北半球の資金提供者に対し、熱帯の夢という幻想を与える。だが現場の悲惨な現実を報告したレポートがある。発表したのはロンドンに本部をおく国際環境・人権団体グローバル・ウィットネスだ。同団体は、グローバル・フォレスト・アンド・トレード・ネットワーク（GFTN）の実態を調査した。GFTNとはWWFが二八八社もの木材企業と手を結ぶために設立された、世界最大の木材業界団体だ。GFTNの加盟企業は、合法で持続可能な木材しか供給しない。WWFがそう保証する。だが二〇一一年七月、グローバル・ウィットネスは、マレーシア最大の木材会社タ・アン・ホールディングスが組織的に熱帯雨林を破壊していることをつきとめた。このWWFのパートナー企業は、ハート・オブ・ボルネオ・プロジェクトが進行している最中に、その保護区域内で毎日サッカー場二〇個

分に相当する面積の森林を伐採し、オランウータンの生息地を破壊していた。[原注46]

私たちは世界を養う

ジェイソン・クレイはWWF上層部にしては珍しく、WWFと業界との密接な結びつきを公言してははばからない者の一人だ。もっともそれは「仲間同士の」親密な関係を都合よく表現するだけだが。仲間とはたとえば、ロビー団体、グローバル・ハーベスト・イニシアティブ。アグリビジネスでGMOジャイアントのカーギル、モンサント、アーチャー・ダニエルズ・ミッドランド（ADM）、ジョン・ディア〔訳注：社名はディア・アンド・カンパニー、ジョン・ディアは同社製の農業機械のブランド名〕などが加盟している。WWFは最近このロビー団体に加わった。WWFの代表者はジェイソン・クレイ博士だ。彼はWWFアメリカ副総裁で、WWFインターナショナル市場変革プログラムという地球規模のマネージメント・ネットワークも立ち上げた。これがWWFと多国籍企業との関係を取り持つ。そしてクレイはWWF水産業ネットワークの代表もしている。

ジェイソン・クレイはWWFの要となる戦略家として知られ、あちこちの重要国際産業界とのパートナーシップを一人で組織している。二〇一〇年夏、ワシントンD・Cで開催されたグローバル・ハーベスト・イニシアティブの会議において、ジェイソン・クレイはアグリビジネスのお仲間たちと話し合い、世界的な食料供給問題を解決するための戦略的な同盟関係を彼らに提案した。二〇五〇年までに耕作に適さない場所も活用して、食料生産を倍増する必要が生じるであろうという予測の下に。

クレイによれば、この偉業はグローバル企業と大規模農業にしか成し遂げられない。世界の小規模農家の半数以上は「自分たちが食べていくこともおぼつかない」からだと彼は言う。こんな主張は、ジェイソン・クレイ自身でさえ証明できない。小規模農家を抱える国々の政府は、こうした食料問題も解決できないと彼は付け加える。彼らが「保護貿易主義」に走るからだそうだ。「今後ますます食料は地球規模の問題になる。最も効率的に前に進むために、食料安全保障の世界戦略を練り、計画を立てなければならない。もはや一国にとどまる問題ではないのだ[原注47]」。

ストーリーはこんな感じだ。アグリビジネス多国籍企業が、世界全体の食料生産・流通を一手に引き受けなければならない。そうなって初めて、水や土地やエネルギーといった貴重な資源が保全される。そしてクレイによれば、新たな遺伝子組み換え技術を開発するのに必要な資金を持っているのは大手グローバル企業だけだ。その技術をもってすれば、植物の生産性は「二倍、もしくは三倍にさえ増加する」可能性もある。

大手メディアや一般人の目の届かないところで、小規模農家へのサポートや各国の主権・自治に基づいた食料問題の解決から、WWFは静かに背を向けたのだった。

強大な食料業界やエネルギー業界が消費者からグリーンで先進的なイメージを持ってもらえるように、WWFは積極的に手を貸している。だがパンダの旗の下で配られるエコ免罪符には、結構な値札がついている。企業が広告やパッケージにWWFパンダを使用するには、高いライセンス料を支払う。研究やコンサルタント業務をWWFに委託する大企業は、おそらくもっと高い料金を支払う。WWFと協力関係にあるRSPOのメンバー企業などからは、莫大な寄付金が寄せられる。WWFはエネルギー産業と特に密接な関係を持っている。シェルやBPとのパートナーシップは、何十年も前から続いている。この二社はすでにバイオエネルギー業界のお仲間だが、最近「責任ある耕作地域」というWWFの研究に資金を出し始めた。WWFは現在、エコファイズ〔訳注：オランダのコンサルタント会社。再生エネルギーや地球温暖化などの問題を扱う〕の助けを借りて、南半球のどの森を開発留保すべきかについて地質学調査に余念がない。そして使用されていない土地、もしくは「生産的に」使用されていない土地を探し、大規模プランテーションのために皆伐しようとしている。WWFとパートナーたちは、その調査結果をもとに世界地図を描きかえている最中だ。

石油化学企業二社は、コミュニケーションの齟齬を防ぐためにWWFの上層部に社の人間を派遣している。WWFインターナショナル理事会にはロイヤル・ダッチ・シェルの元CEOジョン・H・ラウドンが長い間籍をおいていたが、今はBPのアントニー・バーグマンズがその地位に就いている。このオランダ人はBPの社外取締役である。それ以前はユニリバーの会長だった。

地球上で最もひどい環境汚染の元凶であるこれらの企業は、効果的なマーケティングの道具としてWWFを頼りにしている。だが政府や企業から独立して活動する自然保護団体のイメージをWWFが維持できなければ、その機能を果たすことはできない。自然保護プロジェクトがうまくいっていなければ、産業界にとってのパンダの価値は失われるだろう。

WWFはボルネオで破壊された熱帯雨林地域の再生を手助けしている。だが同時に、アグリビジネス・パートナーがもっと広大な面積の森を持続可能性の名の下に壊滅させるあと押しをしている。

第八章　モンサントとタンゴを

年に一度、1001クラブは会員を招いて、部外者お断りのパンダボールを開催する。招待者は厳選された仲間たちと、食事をしながら世界の未来について語り合う。ロブ・スーターがスイスのWWF本部で私に言い張ったように、1001クラブは今のWWFポリシーと何の関係もない、ただの設立時代のセンチメンタルな遺物なのだろうか？　もし本当に、年老いた自然愛好家の貴族が集まった害のないグループなら、その会合はなぜコーサ・ノストラ〔訳注：イタリアの犯罪集団〕ばりに秘密にされるのか？　なぜ会員は二万五〇〇〇ドルもの入会金を払うのか？　一〇〇一人のエリートをつなぐ、見えない絆とはどんなものなのか？

秘密の会員名簿を見ることができれば、これらの問題に少しでも手がかりがつかめるということはわかっていた。それはたやすいことではなかったが、何カ月かの飽くなき調査の結果、遂にそのミステリー・リストを二部入手にすることができた。一つは一九七八年、もう一つは一九八七年のものだ。どちらも、イギリス人ジャーナリスト、ケヴィン・ダウリングの遺産である。WWFのアフリカでの不慮の出来事をおさめた彼の映像は、放送されなかった。だがこの二つの名簿は、インターネットで見ることができる。

名簿の表紙には、簡単にこう書いてある。1001クラブ会員。初めて見る名前もあるが、ほとんどは馴染みのある名前だ。世界的に有名な、政治エリートや金融エリートばかりだ。たとえば億万長者にしてムスリムの精神的リーダー、カリム・アガ・カーン四世／フィアットのボス、ジョヴァンニ・アニェッリ／ゲイヴィン・アスター卿（『ロンドン・タイムズ』社長）／ヘンリー・フォード二世／ステファン・ベクテル（ベクテル・グループ、アメリカ）〔訳注：ベクテル・グループは全米最大の建設会社。ステファン・ベクテルはそのオーナー〕／ベルトルト・バイツ（ティッセンクルップ）〔訳注：ティッセンクルップはドイツの製鉄会社。ベルトルト・バイツはその会長〕／マルティーヌ・カルティエ・ブレッソン〔訳注：フランスの写真家アンリ・カルティエ・ブレッソンの妻〕／ジョセフ・カルマン三世（フィリップ・モリスCEO）〔訳注：フィリップモリスは世界最大のタバコメーカー、本社はアメリカ〕／シャルル・ド・シャンブラン〔訳注：フランス人外交官〕／エジンバラ公フィリップ王配／エリック・ドレイク卿（BP最高責任者）／フリードリヒ・カール・フリック（ドイツ）〔訳注：オーストリアの資産家。もとはドイツ人だった〕／マヌエル・フラガ・イリバルネ（スペイン、フランコ政権の情報大臣）〔訳注：軍の反乱により社会主義政権が退けられ、フランシス・フランコ総司令官が一九三九年にスペインの首相兼国家元首の座についた〕／C・ジェラルド・ゴールドスミス〔訳注：アメリカの作曲家。猿の惑星、エイリアンなど映画音楽を多数作曲した〕／フェルディナンド・H・M・グラッパーハウス（オランダの政務次官）／マックス・グルンディッヒ（ドイツ）〔訳注：ドイツの家電メーカー、グルンディッヒの創業者〕／ビール王アルフレッド・ハイネケン〔訳注：オランダのビールメーカー、ハイネケンのCEO〕／ローカス・ホフマン（ホフマン・ラ・ロシュ）〔訳注：スイスの製薬会社エフ・ホフマン・

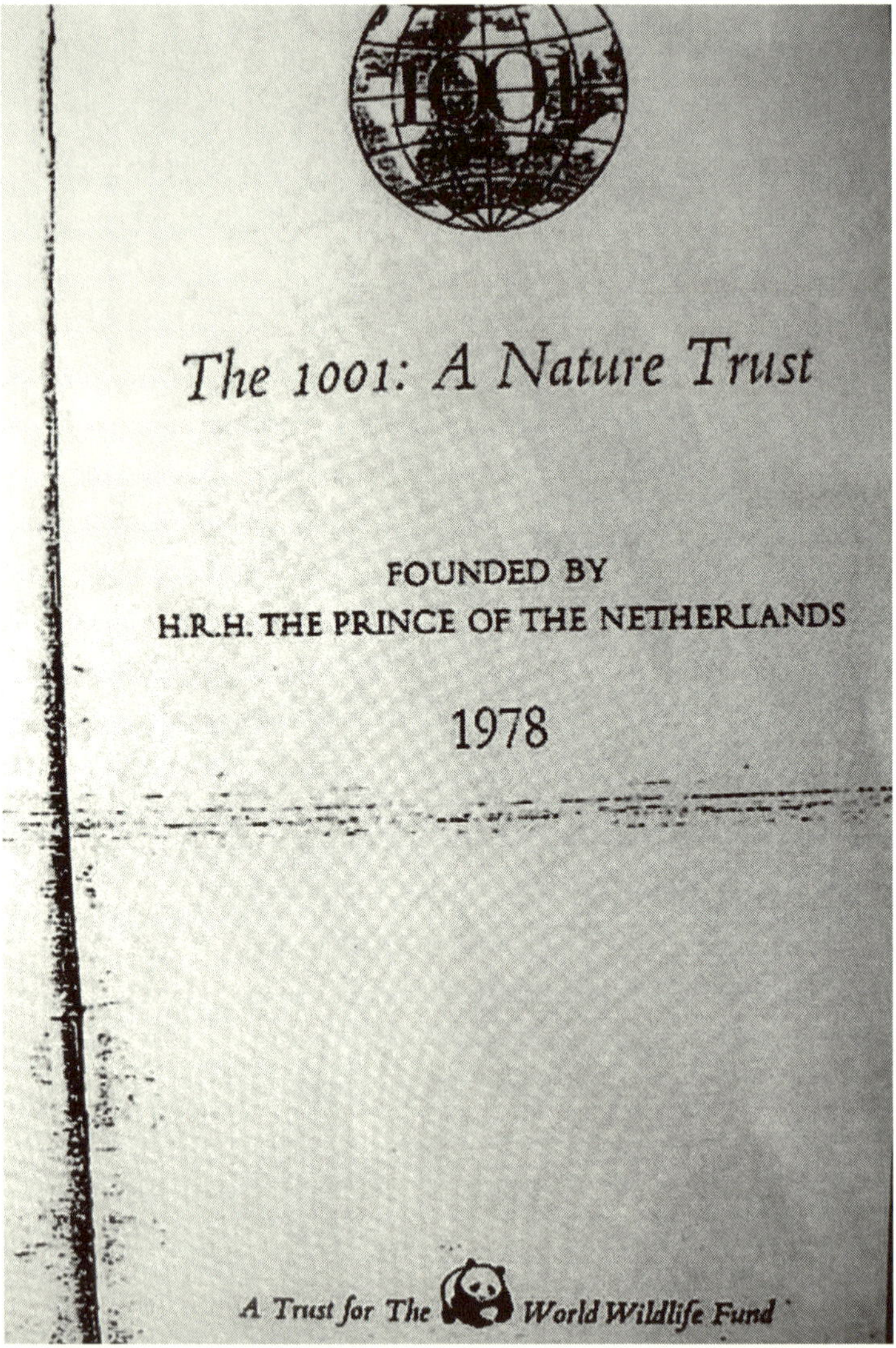

「1001 クラブ」会員名簿の表紙

FIERRO VIÑA, Alfonso	Spain
FIERRO VIÑA, Ignacio	Spain
FINCKENSTEIN, Count Karl-Wilhelm von	Germany
FIRMENICH, Roger	Switzerland
FISCHER, Senator Manfred	Germany
FISCHER, Théodore	Switzerland
FISCHER, Willem A.	Netherlands
FLAMAND, Jean F.	France
FLICK, Dr. Friedrich Karl	Germany
FOCKEMA ANDREAE, W. H.	Netherlands
FOLCH RUSIÑOL, Alberto	Spain
FORD, Benson	U.S.A.
FORD, Henry, II	U.S.A.
FORTE, Lady	United Kingdom
FORTE, Rocco J.V.	United Kingdom
FOURCROY, Jean-Louis	Belgium
FOURCROY, Mrs. Jean-Louis	Belgium
FOX, Mrs. Harry	U.S.A.
FRAGA-IRIBARNE, Ambassador Manuel	Spain
FRALICH, John S.	Canada
FRANCK, Eric	Belgium
FRANCK, Louis	Belgium
FRANKLIN, Cyril M.E.	United Kingdom
FRANTZ, Mrs. Ann	U.S.A.
FRASER, Bt, Sir Hugh	United Kingdom
FREDERIKS, Arthur	Netherlands
FREUDENBERG VON LOEWIS, Harley	Germany
FRICK, Dr. Hans Wolfgang	Switzerland
FRIDRIKSSON, Dr. Sturla	Iceland
FRY, E. Ewart	Canada

「1001 クラブ」会員名簿（一部）

ラ・ロシュの取締役〕／ジョン・キング男爵（ブリティッシュ・エアウェイズ）〔訳注：イギリスの航空会社ブリティッシュ・エアウェイズ会長〕／ダニエル・K・ルードヴィッヒ（アメリカ）〔訳注：海運業をはじめ数々の事業に携わる実業家〕／シャイク・サリーム・ビン・ラディン（オサマ・ビン・ラディンの兄）／ジョン・H・ラウドン（シェルCEO）／ロバート・マクナマラ（ベトナム戦争時のアメリカ国防長官）／マースク・マッキニー・モラー（船舶界の大物）〔訳注：デンマークの海運コングロマリット、APモラーマースクCEO〕／オランダ、ユリアナ女王／ケシュブ・マヒンドラ（インド）〔訳注：インドのコングロマリット、マヒンドラグループ会長〕／ハリー・オッペンハイマー（アングロ・アメリカン）〔訳注：アングロ・アメリカンはイギリスの鉱業資源を取り扱う企業の運営元である投資会社。ハリー・オッペンハイマーはその会長〕／デヴィッド・ロックフェラー（チェース・マンハッタン銀行）〔訳注：ロックフェラー家第三代当主、チェース・マンハッタン銀行頭取〕、アガ・ハサン・アベディ（BCCI頭取）〔訳注：BCCI：国際商業信用銀行（Bank of Credit and Commerce International）。一九七二年に設立されたルクセンブルクに本拠地をおく銀行。一九九一年に経営破綻〕、ティボール・ローゼンバウム（BCI、ジュネーブ）〔訳注：BCI：国際信用銀行（Banque de Credit Internationale）BCCIの前身。ローゼンバウムはその設立者〕／エドムンド・アドルフ・ド・ロスチャイルド男爵（フランス）〔訳注：大富豪ロスチャイルド一族、銀行家〕／ファン・アントーニオ・サマランチ（スペイン）〔訳注：国際オリンピック委員会元会長〕／ペーター・フォン・ジーメンス（ドイツ）〔訳注：シーメンス会長〕／ハンス・ハインリヒ・ティッセン・ボルネミッサ男爵（スイス）／ヨアヒム・ツァーン博士（ダイムラー・ベンツ）〔訳注：ダイムラー・ベンツ会長〕。〔訳注：以上、肩書きはすべて一九七八年当時のもの〕

インターネットで入手可能な1001クラブの会員名簿には、南アフリカ人がびっくりするほど沢山いる。ロスマンズ・インターナショナル〔訳注：タバコとビールのメーカー〕とカルティエ〔訳注：フランスの宝石・高級時計ブランド〕のオーナー、アントン・ルパートに加え、アパルトヘイト体制の大物が何十人も名を連ねている。ほとんど全員が白人至上主義グループ、ブルーダーボンド〔訳注：アフリカーナー・ブルーダーボンド：一九一九年に設立された白人男性による秘密結社〕の現メンバーか元メンバーだ。エリート白人のお仲間になった唯一の黒人のアフリカ人は、ザイールの独裁者モブツ・セセ・セコ〔訳注：クーデターで実権を得たザイールの元大統領。国名をコンゴからザイールに改めた〕である。

ほとんどの会員は、石油、鉱業、金融、船舶業界の現在もしくは過去の最高実力者だ。パンダボールでの会話はおそらく、絶滅の危機に瀕するトラやゾウや鳴禽類についてだけでなく、エネルギー業界や食品業界のビジネス展望などという話題にまで発展するに違いない。ほとんどの会員は、自分たちの国の政治・経済史に直接影響を与えるほどの大物だ。彼らの通った跡には、さぞ大きなエコロジカル・フットプリントが残された〔訳注：大量のCO_2が排出されたの意〕ことだろう。

会員ナンバー五七二

1001クラブ会員ナンバー五七二のあとに続くホセ・マルティネス・デ・オズという名前は、おそらくほとんどの人が知らないだろう。マルティネス・デ・オズは、ブエノスアイレス〔訳注：アルゼンチンの首都〕を拠点とするアルゼンチン寡頭政治の独裁者である。彼の手は血にまみれている。一〇〇万ヘクタール以上の土地を所有し、猛獣ハンターであると同時にWWFアルゼンチンの設立メンバーでもある。ＷＷＦアルゼンチンは、現地ではフンダシオン・ヴィーダ・シルヴェストレ・アルヘンチーナ〔野生生物基金アルゼンチン：ＦＶＳＡ〕と呼ばれている。[原注48] だがほとんどのアルゼンチン人は、マルティネス・デ・オズを動物愛護家だなどとは思っていない。彼は、ビデラ〔訳注：ホルヘ・ラファエル・ビデラ・レドンド。一九七六年、軍事クーデターによってアルゼンチン大統領に就任した〕独裁政権の経済大臣として知られている。

　残念ながらホセ・マルティネス・デ・オズは囚われの身で、私たちは会うことができなかった。二十年間も罪に問われることなく過ごした末、二〇一〇年夏に人権侵害の罪で逮捕された。現在、彼は自宅軟禁中で、彼の弁護士を通して訪問客を受け入れる気はないという彼のメッセージが届いた。私の持っている逮捕直前のマルティネス・デ・オズの写真には、パン屋の袋を持って帰宅途中のやせた男が写っている。この人懐こく微笑む繊細そうな老人が、血染めの独裁政権でナンバーツーだったとは信じられない。彼は自国民三万人の殺害を命じた。そのほとんどは、若いさかりの男女だったということだ。

　マルティネス・デ・オズは、経済大臣としてアルゼンチン経済の「近代化」に関心を持った。近代化とは、国をグローバル市場と外国人投資家に開放するということだ。彼は海外にコネのあることで傑出していた。部外者お断りのＷＷＦクラブの会員でいることは、間違いなく人脈の発掘に役立った。カバナー・ビルディング〔訳注：ブエノスアイレスの有名な高層ビル。アルゼンチンで歴史的建造物に指定されている〕の豪華な自宅に軟禁されてからでさえ、マルティネス・デ・オズは誰にも邪魔されずにビジネスを続けることが許された。裕福なアルゼンチン人の例に漏れず、彼もまた大豆に大金を投資してきた。大豆は「グリーン経済」時代における植物由来エネルギーの筆頭だ。ホセ・マルティネス・デ・オズだけではない。他のＷＷＦアルゼンチン上層部も、この怪しげな儲け話に乗っかって、アルゼンチンを大豆共和国に変貌させるのに一役買っている。

私たちは、ワシントン・D・Cからブエノスアイレスまでのフライトで、夜明けの北アルゼンチン上空を飛んだ。上から見ると、緑一色の光景はこの地域で有名なパンパ〔訳注：アルゼンチン中部ラプラタ川流域の草原。アルゼンチン農業の中心地〕のようだった。だが実際には、眼下に広がる広大な開拓地はすべて工業用の大豆畑だった。ブエノスアイレスの北に位置するサルタからの一五〇〇キロメートルの空の旅は、そのまま一五〇〇キロメートルの大豆単一栽培の上空を飛ぶことを意味していた。今、アルゼンチンの耕作可能地の半分が、「緑のゴールド」で埋め尽くされている。それもGMO企業モンサント製の遺伝子組み換え大豆だ。大豆の単一栽培は、急速に成長するガンのように隣りのブラジルとパラグアイにまで広がっていた。

欧米向け大豆バイオ燃料によって、南半球の人々の農地は食い尽くされつつある。WWFの間接的なサポートで、事態は容赦なく進行している。私たちの眼下で、農薬散布用の小さな飛行機が無限とも思える畑の上を飛んでいた。モンサントの除草剤ラウンドアップを撒いているのだ。ラウンドアップは、モンサントの化学者がエージェント・オレンジから開発した物質だ。エージェント・オレンジとは、ベトナム戦争時にアメリカがベトコンの潜むヤブを一掃するために使用した、極めて有害な枯れ葉剤である。

大豆独裁政権

ハカランダ〔訳注：ブラジル原産のマメ科の広葉樹〕の大木が無数の花をサン・マルティン広場に落としていた。うす紫の花弁の絨毯を踏みながら、一人の男が歩いてきた。私たちはこの男に会いにやって来たのだった。ホルヘ・ルリ。アルゼンチンの大豆政策に対する飽くなき抵抗者として知られている。彼は目を細めて顔を上げると、灼熱の太陽から目を守るように片手をかざし、かつての宿敵ホセ・マルティネス・デ・オズの住む高層ビルを見た。

ホルヘ・ルリが生涯を通じて戦い抜いた闘争は、彼の外見を変えた。首は牡牛のように太く、短く刈り込んだ白髪は荒々しく頭全体を覆い、そのまま何ものにも妨げられずに、ごわごわのヒゲにまで至っている。苦難の日々は彼の顔まで変貌させた。拷問で片方の目は光を失った。一九六七年にチェ・ゲバラ〔訳注：エルネスト・ラファエル・ゲバラ・デ・ラ・セルナ。アルゼンチン生まれの革命家。一九六七年にアンデス山脈の渓谷でボリビア政府軍の襲撃にあい、捕らえられて殺された〕がボリビアのジャングルでゲリラを組織していた頃、ホルヘ・ルリはまずアルゼンチンで逮捕され、投獄中にひどい扱いを受けた。彼の指導者チェ・ゲバラがアルゼンチンについてどんな計画を持っているかを尋問されたのだった。カリスマ革命指導者は、実際ボリビアから故郷のアルゼンチンに戻り、社会革命の火を放とうと考えていた。だが事態は計画とは違う方向に進み、当時の寡頭政治体制による残虐な反撃にあった。一九七〇年代、軍事独裁政権は南アメリカ全土を掌握した。暗黒時代の始まりだった。

ホルヘ・ルリは再び逮捕された。秘密の監獄に送られて一年間にわたって投獄され、拷問された。その間、彼の妻や子どもたちは彼の生死もわからなかった。その後、懲役五年の刑が言い渡された。だがホルヘ・ルリは、マルティネス・デ・オズに報復したいとは思っていないと言った。「独裁政権に責任のある重要人物には違いないが、ヤツに自分の犯した罪を償わせるには時期を逸した。今、ヤツはあそこにいる。寂しい年寄りが自分の女房と二人きりで監禁されているんだ。これ以上の罰はないさ」。

ホルヘ・ルリは自分のブラック・ジョークに笑い、広場の反対側に建つビルを指さした。モンサントのアルゼンチン支社だ。ホルヘ・ルリによれば、アメリカに本社のあるこの多国籍企業は今、「アルゼンチンのウラ政府」になっているという。彼は今の状況と軍事独裁体制とを比較して、まったく冗談抜きにこう言った。「モンサントが押し付けてくる単一栽培は、軍事独裁政権と同じくらい恐ろしい。単一栽培は、この国をどん底まで破壊していく。アルゼンチンは今、世界最大の遺伝子組み換え野外実験場だ」。

一九九六年、アルゼンチン政府は南アメリカで遺伝子組み換え（GM）作物の禁止を撤回した最初の国になり、農地の半分以上を大豆の耕作地に転換させることを認可した。アルゼンチンは今、世界最大の大豆油生産国である。その大半はヨーロッパ市場向けバイオディーゼルに精製される。絞りカスはアメリカ、中国、ヨーロッパの集約的畜産のための濃厚飼料になる。アルゼンチンの政治家階級は、大豆を使って急速に工業化を図り、国の借金を完済しようと目論んでいる。大豆バイオディーゼルの利潤の三五パーセントは、輸出税の形で国庫に流入する。

ホルヘ・ルリ

大豆モデルが驚くべき発展を遂げているにもかかわらず、ルリはそれを成功とは考えていなかった。「化学物質が耕作可能地の土に壊滅的な打撃を与え、小規模農家は追い出され、食料供給は不足し、食料価格は高騰している。アルゼンチンはもはや、自国民に食べさせるだけの牛肉を生産することもできない。だが政府はそんなことにはお構いなしだ。大豆輸出の税収がふんだんにあるから、農村部から都市のスラム街に何十万人流れてきても生活を保護することができるんだそうだ」。

ＷＷＦがアルゼンチン農業の遺伝子革命に対してどういうポジションをとっているのかを、私は知りたいと思った。大豆生産がべらぼうに拡大することで、食用作物を育てていた農地が犠牲になっただけでなく、広大な森も犠牲になった。行政資料によれば、一九一四年以来アルゼンチンのチャコ州〔訳注：アルゼンチン北部の州〕では森林の半分近くが切り倒されてきた。原注49 二〇〇二年以降は大豆産業が大躍進を開始したために、森林破壊の速度に拍車がかかった。環境ＮＰＯガイラ・パラグアイによる継続的な衛星監視画像がそれを裏付けている。ガイラ・パラグアイによれば、二〇一二年五月には一日に七一〇ヘクタールもの森林が破壊されたということだ。一方ＷＷＦアルゼンチンはこの問題に対処するために、ある論文を持ち出してきた。その論文は、チャコ州に残された森林の四九パーセントを「特に価値のある」森林として厳格な保護地域に指定すべきであると主張していた。だがＷＷＦに批判的なホルへ・ルリは、こんなことくらいでは満足しない。森林の四九パーセントを「特に保護の価値がある」地域に指定するということは、残りの森林がアグリビジネスに食い荒らされるのをＷＷＦが原則として受け入れていることになると彼は言う。「アルゼンチンでＦＶＳＡ（ＷＷＦアルゼンチン）は自然保護団体なんかじゃない。ＦＶＳＡとモンサントは同じ体から出た二本の腕だ。モンサントの作った農業モデルはアルゼンチンを席巻した。そしてＦＶＳＡ、つまりＷＷＦアルゼンチンは、それが社会的に認知されるように全力を尽くしている。ＧＭ大豆は悪いものではないとＷＷＦは言う。ＧＭ大豆なら『持続可能な』生産だってできる、と」。

ホルへ・ルリは私の様子を見て、まだ半信半疑でいると思ったようだ。彼は私に、アルゼンチンの「大豆の奇跡」の父と接触することを提案した。「取材は受けないことが多いが、ドイツ人ならうまく会えるだろう」。

一人で対話する創始者

エクター・ローレンス博士は実際、ためらうこともなく取材に応じた。ローレンスはアルゼンチン・モデルの父だ。長年、大豆ビジネスに関わり、二〇〇五年にはIFAMA（国際食糧・アグリビジネス・マネージメント協会）総裁にも就任している。彼は何年間も、モルガン・シーズとパイオニアという二つのGMO企業の南アメリカ代表も務めてきた。両社とも巨大化学企業デュポンの子会社である。それと同じ時期の一九九八年から二〇〇八年の間、彼はFVSA総裁だった。FVSAがWWFの準会員になったのは一九八八年である。

エクター・ローレンス博士

ローレンス博士に会ったのは彼のオフィスだった。室内はコロニアル・ブルーの控えめな色調で注意深く設えられていた。建物は高級街区アヴェニーダ・9《ヌエヴェ》・デ・フリオにある。ブエノスアイレスで最高のロケーションだ。ローレンス博士はイギリス移民の子孫で、頭の先からつま先までジェントルマンだった。彼とその宿敵ホルヘ・ルリはほとんど同世代だが、エクター・ローレンスの方が若く見えた。慎重に分け目のつけられた白髪一つない頭髪のせいか、もしくはカントリークラブ風の服装のせいかもしれない。青いブレザーに灰色のフランネルのズボンという出で立ちで、ムスクの強い香りを漂わせていた。青い目の冷たい眼差しと、いくぶん抑制された快活な身振りが、アルゼンチンのエリート階級に所属していることを十分に物語っていた。「社交辞令」は好きではないと彼は言った。「あなた方ヨーロッパ人は、いくつかの分野、特に現代技術に関して非常に遅れていると、はっきり言わせて戴きましょう。遺伝子組み換えが悪魔の業だと言いふらす左翼ヒステリーの犠牲になってしまっている。科学に耳を貸そうともしないでね」。

私は中立的な表現を維持しようと努力しながら、今回の訪問の主眼である質問をした。アルゼンチンの土壌がモンサントの除草剤漬けになっていることを、WWFはどう考えているのか？　アルゼンチンの薬理学者カラスコ教授の最近の実験で、ラウンドアップがヒトの遺伝物質に損傷を与えることがわかったのでは？　政治家のような額にしわを寄せ、しばらく考えたあと、彼は英語でこう答えた。「その実験は、エセ科学のプロパガンダですよ。もしラウンドアップをグラス一杯飲めとか、何時間も臭いを嗅げと言われれば、お断りしますがね。もちろん、害がありますから。だが一方で、何か新しい製品を使おうというときには……。それから私はモンサントとは何の関係もありませんよ。この点は、はっきりさせておきます。技術のリスクを言い出せば、事故や病気なんかのね、そうすると飛行機や自動車も廃止しなければなりませんよね」。

彼はしばらくの間、面白そうに私を見ていた。彼の賢明なたとえ話に私がどう反応するかを見ようとしていたのだ。私は黙っていた。彼は再びスペイン語に戻ってこう続けた。「昔のパンパを懐かしむロマンチストね。バカげていますよ。私たち大豆実業家は農民でもあるんです。結局のところね。土地は最も重要な資本です。大事にしていますし、保護もしていますよ。誰でも大豆に投資できる。農民はもう農業をする必要がないんです。これでアルゼンチンの効率は飛躍的に高まりました。パンパは正真正銘の農業改革を経験しているんですよ」。

ローレンス博士は、自分が国立遺伝子技術委員会を設立したおかげで国民に遺伝子組み換え技術の素晴らしさが浸透したと、自慢げに説明した。アルゼンチンは遅れているため、少しばかりプロモーションをして前に進めてやらないといけなかった。なぜならモンサントの「PRが下手なために、多くの人が遺伝子組み換えで魚の頭のついた赤ん坊が生まれてくるというようなナンセンスを信じてしまった。私たちはモンサントの製品が市場でもっと信頼されるように、手助けをしなければならないのです」。

彼は個人的に、工業と自然を「調和」させることが自分の使命だと感じている。そのためローレンス博士は、二〇〇三年に「一億フォーラム」の招待者を増やした。「一億フォーラム」とは、大豆産業の発展に寄与する円卓会議だ。彼は一人で、自然保護団体の代表とビジネス界の代表を兼ねている。自分自身と対話するということか？　ローレンス博士は、私の皮肉っぽい指摘に上機嫌でこう答えた。「対話の相手は他にもいますよ。フォーラムにはわが国で最高の科学者の方々もいます。私はコインの両面を知っている。だから私は、妥協点を見出すのに最適な人間なわけです」。フォーラムでは、アルゼンチンにエネルギー向けの大豆とトウモロコシ一億トンを植えることが承認された。

私はこの対話名人に、遺伝子組み換え作物が大規模に耕作されることで、広大な森林と耕作可能地が失われていることを思い出させてやった。ローレンス博士の額に深い懸念のシワが刻まれた。彼の中のナチュラリストと実業家とが葛藤しているようだった。「自由経済市場には、熾烈な競争が避けられません。一億トンという意欲的な目標を達成するために、二次林が少しばかり犠牲になるのもそのためです。しかし耕作可能地は森林よりも大きな影響を受ける。収量の減った生産物もありました。ソルガム、畜産、ヒマワリ、小麦がそうです」。

モンサントにとっては、ＦＶＳＡから「新たなる緑の革命」〔訳注：緑の革命：一九四〇年代から第三世界に導入された農業改革。化学肥料・農薬の使用や高収量品種の導入によって穀物の収量を飛躍的に増加させたとされる〕への支持を取り付けられるなんて願ってもないことだ。遺伝子をいじくるという自然への介入に道義的支持を得るために、モンサントは何年も戦ってきた。あるアルゼンチン人司教の支援を得て、モンサントはローマ法王に遺伝子組み換えについて賛意を表明してもらおうと動いたことがある。結局は全然ダメで、カトリック教会は動かなかった。だからＷＷＦは最後の頼みの綱だった。ＷＷＦも、一般社会のモラルを左右できるほどの権威を持った組織だ。ＷＷＦが語れば人々は耳を傾けた。ローレンス博士は自信を持ってこうまとめた。「ＷＷＦの助けがあって」アルゼンチンは「緑のワールドパワー」となった。かくして一億トンという目標は、二〇一〇年に達成された。しかしそれは始まりにすぎない、とローレンス博士は言った。「私たちはその倍の二億トンというゴールを目指しています」。ＷＷＦインターナショナルも、「アルゼンチンの先駆的努力の甲斐あって」とうとう遺伝子組み換えの支持に乗り出したと彼は付け加えた。

とても勉強になるお話が終わったので、ＷＷＦ創設者マルティネス・デ・オズ博士についてどう思うかと、私はローレンス博士に尋ねた。「彼のことは知っているし、高く評価していますよ。国家に貢献した偉大な人物だ。彼を自宅に軟禁するのは間違いです。軍事政権時代の多くの被告人と同じように、彼は間違ったことは何もしていない。誓って言いますよ」。

革命家の歴史の授業から引き上げる前に、私は最後の銃弾を撃ち込んだ。ローレンス博士は１００１クラブの会員としてマルティネス・デ・オズ博士の跡を継ぐのか？　私の目の前の日焼けした顔全体が、柔和な微笑みでいっぱいになった。「まだ頼まれていません。でも、そうなるかもしれませんね」。自分の国にこんなに多大な貢献をしているのだから、もちろん彼がＷＷＦ貴族階級へと登り詰めることを否定するなど、失礼な行為に当たるだろう。

大豆《ソイ》ハイウエイにて

翌朝、私はブエノスアイレスの西にあるマルコス・パス村に車で向かった。理由ある反抗を続ける不屈のホルへ・ルリは、そこに平和と安寧の孤島を築いた。彼とその家族は古い農家に住み、周囲の土地をエデンの園に生まれ変わらせた。そこここに点在する農園と花畑。種子は自ら集めて回った。近頃のスーパーマーケットでは、輸入品の有名ブランド「世界標準食品」しか手に入らないとホルへ・ルリは言う。かつて昔ながらの村の市場には、新鮮な野菜や果物が豊富に並んでいた。「以前はいろんなものが、あちこちで手に入った。食品産業のグローバリゼーションは、人間の食べるものをとんでもなく貧相にしてしまった」。

「ソイ・ハイウエイ」を北に向かう道のりは長く、およそ快適とは言い難かった。赤道に近づくにつれ、気温は刻々と上昇した。道の左右には、広大な茶色い布のように荒れ果てた土地に延々と大豆畑が広がっている。トゥユティという村に車を止めた。ここで私たちは、今でも農業を営む最後の農民に会った。彼は、裕福なペルシャ湾岸諸国に輸出するためのポロ競技用の小馬を飼育していた。彼の農地以外は、荒廃しきっていた。

最新の統計によれば、アルゼンチンには一〇〇〇もの「捨て去られた」村がある。農民の大半が大豆企業に良い値で農地を売り、最終的にすべての村民が村を離れる。大豆畑に覆われた地域の六一パーセントは、かつて牛の放牧地か、小麦、ソルガム、ジャガイモ、トウモロコシ、ヒマワリ、イネ、大麦、豆類、綿の農地であった。既に四〇万人以上の農民が、農業に見切りをつけて都市に移住している。トゥユティでは村の学校に教師がたった一人で、彼女のクラスには十数名の子どもしかいない。かつてはその四倍もいたという。

ホルヘはボロボロの校舎を見て、怒りが込み上げてきたようだった。「村が衰退し、パンパの文化は失われた。もはや仕事などないから、皆、農村を捨てる。残った者には、毒にやられて死ぬ危険がつきまとう。ラウンドアップはアルゼンチン経済のドラッグだ」。

遠くの方に、この日最初の農薬散布飛行機を見つけた。モスキートと呼ばれている。うしろには大きな毒の雲が広がっている。モンサントのラウンドアップだ。大豆の小さな苗木が育つ場所を確保するために、畑に有害物質が噴霧される。翌日にはすべての植物が茶色く枯れているが、大豆だけは例外だ。有害除草剤への耐性が組み込まれた特別な遺伝子のおかげで、大豆は生き残る。

モンサントの種子を買う者は、その種子専用に開発された除草剤ラウンドアップもセットで買うより仕方がない。「この『抱き合わせ商法』のせいで、農民はモンサントに依存するようになる。結局のところ、

ラウンドアップの広告看板

ラウンドアップ・レディ・〔訳注：ラウンドアップ耐性作物の総称〕モデルは、農作物を企業が総合的にコントロールするための仕組みだ。それだけじゃない。ラウンドアップは地下水や川の水を汚染する。俺の畑の近くの川では両生類が死に絶えた。この毒薬が使われ始めてから、ネズミやヘビさえも都会へ逃げていった。ここの生態系は破滅寸前だ。だがWWFはこう言う。すべてうまくいっている。大豆は素晴らしい。持続可能な栽培ができるのだから、と」。

私たちの車は緑と茶色のモノトーンの大豆畑の中をひた走り、港町ロサリオに到着した。ロサリオは、幅広く茶色いパラナ川沿岸の町だ。毎日、何百台ものトラックが荷台にいっぱい大豆を積み込んで、この国のあらゆる場所からこの港にやって来る。貨物はここからヨーロッパに輸送される。もしくは、川の土手にいくつも並ぶ真新しい精油工場のどれかに荷が下ろされる。精油工場は貪るように大豆を飲み込み、バイオディーゼルにして再び吐き出す。ロサリオは、緑のオイルをグローバル経済の血管へと流し込む心臓だ。

何十億ユーロもの補助金にあと押しされてヨーロッパはバイオ燃料の供給を義務化し、バイオ燃料のグローバル市場が人為的に形成されることになった。EU指令で、二〇二〇年までにヨーロッパの自動車燃料の一〇パーセントを植物油でまかなうという目標が定められている。アメリカも同様の目標を定めている。ヨーロッパ内だけでは耕作可能地が不足で、費用も高くつくので、バイオ燃料生産は南半球へと下請けに出された。

バイオ燃料産業のブームは、何十億ドルもの投資と新たなビジネス同盟を生み出した。VW〔訳注：フォルクスワーゲン〕やトヨタといった自動車メーカーは、BPやシェルなどのエネルギー会社や、モンサント、カーギル、ADM、ルイ・ドレイファスなどのアグリビジネスのコンソーシアムに加わることになった。「グリーン・エコノミー」時代が到来し、エネルギーとアグリビジネスが融合したのだ。アルゼンチンで生産されるバイオディーゼルの九五パーセントはヨーロッパに向かう。燃料作物に広大な土地を捧げるラテンアメリカ、アジア、アフリカの国々で、「バイオ帝国主義」という醜い言葉が聞かれるようになった。南側世界を犠牲にして北側世界がエネルギー問題を解決しようとしている。

大豆左翼

昔は物事がもっと単純で、ホルヘ・ルリも世界の悪はすべて右翼の寡頭政治のせいだと思っていればよかった。近頃では事態は少しばかり複雑だ。大豆モデルを南アメリカ中に押し付ける大統領や政治家は、主に左翼になった。「ブラジルのルーラ〔訳注：ブラジル大統領ルイス・イナシオ・ルーラ・ダ・シルヴァ。鉄鋼労組出身の左翼政治家。二〇一一年に退陣〕でさえ加担している。ブラジルで遺伝子組み換えは禁止されているというのに。モンサントは、パラグアイ、ボリビア、ブラジルの国境を超えてアルゼンチンの外へと遺伝子組み換え種子を密輸し、農民たちに手渡して回っている」。

モンサントならそのくらいは当然のことだが、左翼政権ならノーと言えたはずだとルリは言う。しかし彼らは断るどころか、モンサントを招き入れるドアマンの役割を果たした。「左翼政権は敗北したが、エコロジカル左翼になることで立ち直れたはずだ。だがヤツらは卑屈にも同調した。大豆モデルを提唱する連中は、実は反革命主義者ではなく、左翼だった。四十年前には暴動を起こすフリをして手製の爆弾を作っていたヤツらだ。今ではモンサントの忠実なる下僕だ。歴史は妙なでんぐり返りをしちまった」。

たとえばグスターヴォ・グロボコパテル〔訳注：アルゼンチンの巨大アグリビジネス、グルッポ・ロス・グロボのCEO〕は今、アルゼンチンの大豆王の一人だ。彼はかつて正真正銘の共産主義者で、ソ連にとっては歓迎すべき客人だった。エクトール・ウエルゴ〔訳注：編集者、アルゼンチン・バイオ燃料・水素燃料協会の会長〕はトロツキスト政党の革命家だった。今では、アルゼンチン最大の新聞『クラリーン』で農業別冊紙の編集長をし、大豆革命イデオロギーの指導者になった。「あいつは、かつて農業革命や大地主からの土地収容の必要性を訴えていた。今では農村部で、企業の反革命運動を応援しているよ」。

ホルヘ・ルリは、かつての戦友たちと今でも顔を合わせることがある。「ある討議集会でエクトールと会ったとき、アルゼンチンが北側の強大な国にバイオ燃料を供給するだけの、新しいタイプの植民地になっちまったことを恥ずかしいと思わないかと尋ねたことがある。ヤツは笑ってこう言った。『なあホルヘ、お前は七〇年代のメンタリティーに縛られすぎだよ』。俺は友好的な態度を崩さずに、こう言った。『そうか、経済モデルに対する意見が俺とは違うんだな。だが、少なくとも生物多様性がすべて失われようとしているってことは認めるだろ?』ヤツはニヤッと笑った。『生物多様性? そんなものは実験室で再現すればいいさ』。ヤツは皮肉屋の金持ち社会主義者になっていた。政府の懐に入り込んで、まるでクローバーの中のミツバチみたいに居心地がいいんだろうさ。ときどき、軍事独裁政権時代に戻りたいと思うよ。少なくともあの頃は、誰が良いヤツで誰が悪いヤツかは、わかったからね」。

モンサントに包まれて

さらに四〇〇キロメートル西に進み、ラボウライェという小さな町の入口でガタガタ走るプジョーを止めた。人っ子一人いそうにないこの景色の中で、人間と出くわしたからだ。彼の名はファブリチオ・カスティヨス。農薬散布車が故障してしまい、大豆農家のカスティヨスは忙しくその修理をしていた。話を聞くうち、彼が一三〇ヘクタールの土地を持つ小規模農家であること、そしてアルゼンチン最大の大豆企業の一つであるグスターヴォ・グロボコパテルと供給契約を交わしていることがわかった。同社は大豆に対して現行のグローバル市場価格を支払い、彼は生産リスクを一人で背負っている。「この仕事を始めた当初は、何もかも最高にうまくいってた。最初の二、三年はモンサントがほとんどタダみたいな値段で種をくれてさ。でもしばらくすると、種の値段をとんでもなく上げやがった。除草剤のラウンドアップも本当に高い。散布する量はどんどん増えるし。雑草に耐性ができるもんだからね。今年は五年前の二倍のラウンドアップを撒いたよ。採算取れないよ」。

私は、答えのわかりきった質問をしてみた。なぜ従来種の大豆に切り替えないのか? そちらもグローバル市場では求められているではないか。農民は首を振った。「遺伝子組み換え大豆に囲まれてるからね。うちの種だって、すぐに汚染されるよ。それにモンサントはアルゼンチンのほとんどの種苗会社を買収しちゃったから。遺伝子組み換えじゃない種は、遠くまであちこち出かけて探さなきゃならないよ」。

「緑のゴールド」は彼を破産に追い込もうとしていた。大豆生産が経済的でないとわかったなら、自然と廃れていくだけなのでは？ 農民は笑うしかなかった。「残念ながらそうはいかない。うちは一三〇ヘクタールだから利益が出ない。五〇〇ヘクタールでも暮らしていくのがやっと。まぁ五〇〇〇ヘクタールは必要だと思うよ。もうすぐ国全体がひと握りの投資会社のものになるよ」。ラスト・オブ・モヒカン〔訳注：ネイティブアメリカン、モヒカン族の戦いを描いたアメリカ映画のタイトル〕はそう言うと、農薬の散布を始めた。時は金なり、だ。

ラボウライェから北に一〇〇〇キロメートルをノンストップで走った。途中、無傷の森を見かけることはなかった。ただ大豆かトウモロコシの単一栽培の畑が延々と続くだけだった。WWFが企業との建設的な対話で救ったと主張する「価値の高い」森林とは、どこにあるのだろう。ホルヘ・ルリもそんなものは知らないという。「開発されなかった森林は、だいたい山の上にある。大規模農業にとってはどうでもいい場所だ。WWFアルゼンチンは、今ある国立公園だけで満足しているようだ。あいつらは大豆産業に加担するだけで、森林破壊を止めるためにまったく何もしていない。それが事態を一層悪くしている」。そう言いながら、彼はブリーフケースから大量の紙の束を取り出した。「一億フォーラム」の会議の議事録だ。「誰か」にこの議事録をもらったのだという。破壊して良いと承認される森林エリアの選定にWWFが積極的に参加していたことを、この文書は証明していた。二〇〇四年九月のフォーラムの会議で、WWF

代表ファン・ロドリーゴ・ワルシュは、彼が座長を務めるワーキング・グループ、森林転換イニシアティブの実績を報告した。初めからこのフォーラムの目的は、五〇〇万〜一二〇〇万ヘクタールを穀物やオイルパームの「持続的」生産に適した土地に転換することだった。二〇〇四年九月九日のフォーラムの議事録には次のように記載されている。「ファン・ロドリーゴ・ワルシュは、森林転換イニシアティブの事業の進捗状況について報告した。同イニシアティブはＦＶＳＡ（ＷＷＦアルゼンチン）を通じたＷＷＦのサポートの下、アルゼンチンとパラグアイで彼がコーディネートしたものである。彼は、対話によるプロセスにおいて採用される手法と段階について説明した。彼は、世界規模の持続可能性という問題に特化して報告した[原注50]」。

当時のＦＶＳＡ総裁であったローレンス博士にとって、森林が犠牲になることなど問題ではなかったようだ。彼に言わせれば、大豆畑のおかげでパンパは「以前よりも緑になったくらいだ」。その上、土壌侵食と戦うために、アグリビジネスの多くは広大な単一栽培の畑の合間に細長く森林を残してあり、そこには開発の手をつけていないという。「これは緑の回廊だ。動物がパートナーを探すために広い範囲を自由に行き来できる。だから生物多様性は維持できている」。

ローレンス博士は、大豆ブームが多大な恩恵をもたらすものだと主張する。「大豆は地球を救う」のだそうだ。なぜならＧＭ大豆にすれば、種を植える前に畑を耕す必要がなくなるからだ。ローレンス博士によれば、「温室効果ガスであるCO_2が土中にとどまり、大気中に放出されない。気候保護への絶大な貢献だ」。モンサント率いる大豆業界はＩＰＣＣに対し、この種の「不耕起栽培」にもカーボン・クレジットを与えるよう提案した。ＩＰＣＣは今でも渋っているが、ロビーイストは圧力をかけ続けており、ＷＷＦ

も少なからずそこに貢献している。

責任ある大豆に関する円卓会議（ＲＴＲＳ）の二〇〇九年総会で、ジェイソン・クレイはＷＷＦを代表して閉会演説を行なった。その中で彼は、その場にいた大豆業界の大物たちに向かって、今後さらなる儲け話があると言った。不耕起栽培は将来的にカーボン・クレジットを与えられるだろうというのだ。「今の問題は、森林と土壌を保護している生産者に報いるために、大豆と一緒にカーボンも売れるメカニズムを見つけ出すということです。それで何もかもうまくいく。森林と土壌は守られ、生産者は収入源が増え、販売業者はカーボン・フットプリントを減らす方法の一つとして責任ある大豆を売ることができます。ある試算によれば、森林エリアの生産者は大豆を売るよりカーボンを売る方が、純所得が多くなる。このことは大豆を根本的に変化させ、大豆を新たな種類の商品へと進化させるでしょう[原注51]」。

ジェイソン・クレイは、アグリビジネスの会議では引っ張りダコで、しょっちゅう講演をしている。彼は経営者たちの精神を鼓舞し、市場の独占に向けた戦いをより意義深いものだと納得させる。ＷＷＦとのパートナーシップがあれば、企業の製品は持続可能になり、自然にも人間にも役立つものになると思い込ませる。

だが実際には、不耕起栽培は極めて問題が多いと言われている。アメリカで長期にわたる研究が行なわれ、この手法に抱いていた期待が誤りだったと証明された。耕さないことで地中にとどまるCO_2の量は無視できるほど小さい[原注52]。それで達成できる貯蔵量より、不耕起栽培のデメリットの方がずっと大きい。昔ながらの土を耕す農法なら、雑草は地中に埋められ、土壌生物相の一部となる。一方、不耕起では雑草を殺すために除草剤という弾丸を大量にぶち込まなければならない。ＧＭ大豆が植えつけられる前にも、「準備」のために除草剤散布飛行機のパイロットが大量のラウンドアップを積んで畑を襲撃する。化学物質に依存した農業へと逆戻りだ。化学物質を定期的に土に撒けば、土中の生物は絶滅し、不毛な畑になる。

有機的に生成される土中栄養分の減少を補うために化学肥料の量をどんどん増やすと、亜酸化窒素〔笑気ガス〕が生成される。マインツ〔訳注：ドイツ西部の都市〕のマックス・プランク研究所のノーベル賞受賞者パウル・クルッツェンの試算によると、大豆畑に化学肥料を使用した場合、ＩＰＣＣが当初考えていた量の三倍から五倍の亜酸化窒素が放出される。計算間違いは致命的な結果を生む。亜酸化窒素はCO_2の三百倍も地球の気候を暖かくするのである。

アメリカの農業科学者ミゲル・アルティエリ教授の研究によれば、バイオ燃料を一リットル生産するために一・二七リットルの化石燃料が燃焼される。大豆畑の造成、大豆油の生産・輸送に要する化石燃料[原注53]だ。ゆえに、植物由来のエネルギーの生産は、温暖化ガスの問題を解決するどころか悪化させるのだ！

さて、われらの友ホルヘ・ルリにお別れを言うときが来た。ある革新政党がアルゼンチンの食料危機に関する議会公聴会で彼に証言してほしいと言ってきたため、ブエノスアイレスに戻らなければならないのだった。また彼は、ラジオ局オリソンテ・スールで政府の農業政策に関する評論番組を週一回受け持っていて、その準備もしなければならなかった。別れ際、ホルヘは疲れているように見えた。彼は本当は、日差しの中、世界の植物を集めた自分の菜園で過ごしたいのだろう。だが戦いをやめるわけにはいかない。「俺みたいな年寄りが若い世代の代わりに戦うなんて、まともなことじゃないけどな」。

彼が戦ってきた頃と違い、今は政治のことをわかっている者がいないと老戦士は言う。皆、「緑のゴールド」を追いかけるのに忙しい。アルゼンチンの村のお祭りでは、ビューティクイーンなんか選ばない。

今は大豆クイーン、レイナ・デ・ラ・ソハだ。ゴールドラッシュが農村の人々を熱狂させた。それだけではない。大豆産業は貧しい者たちにGM大豆のシュニッツェル〔訳注：本来は仔牛のカツレツ〕を何百万個も寄付し、それで反対派が体制と戦う力を弱めたと彼は言う。「大豆には女性ホルモンが詰まってるからな」と彼は見える方の目でウインクして言った。だが政治とホルモンの話がただの別れのジョークだったのかどうか、私にはよくわからなかった。

北に行くにつれて、大豆畑はますます広大になっていった。そこには農民は一人も残っていない。企業オーナーがいるばかりだ。そこかしこに、木の切り株が地面から突き出ていた。最近までこの地域全体は森林だったが、ラ・モラレハ〔訳注：かんきつ類、大豆、牛肉などの生産・加工・輸出を手がけるアルゼンチンのアグリビジネス企業〕などの大手の大豆企業によって皆伐されたのだ。WWFアルゼンチン創設者ホセ・マルティネス・デ・オズはラ・モラレハの株主だ。木々に覆われたアンデスの山々が遠くに見える。大豆の荒地は、山々の裾野まで広がっていた。夜間に車を走らせれば、いつでもどこかで森が焼かれているのを目にする。焼き畑式の森林破壊はすごいスピードで進んでいた。

ピサロ

オランという小さな町のはずれを走っていて、私たちは小さな飛行場を見つけた。セスナが一機、着陸しようと近づいてきた。私たちが待っていると、パイロットが狭いコックピットから抜け出してきた。私たちは彼に近づいていった。ハンガリー生まれの彼の祖父は、第二次大戦時にドイツ連合軍の戦闘機パイロットだったという。彼の父親は交通情報のパイロット、そして彼フリオ・モルナールは今、大豆畑の上を低く飛び、毒物を大地に散布する仕事をしている。

私たちは大豆産業の侵攻の最前線をレポートするために、彼のセスナに乗って空からの映像を撮りたいと思った。彼は少し迷って、地平線の上に群がる黒い嵐の雲を心配そうに見た。「まぁ大丈夫かな」。風速約一二〇キロメートル／時〔訳注：約三三メートル／秒〕で、小さなセスナは恐ろしく揺れたが、夕暮れの空からの眺めは手に汗握るフライトを補って余りあるものだった。大豆畑は黄金のようにキラキラ輝いていた。セスナは、開発を免れた森の回廊の上に差し掛かった。生態学的に価値のある森林がわずかばかり残っている。この森はほんの三年前まで、東はチャコ州の乾燥サバンナから西は熱帯雨林へと連なっていた。「あそこにはジャガーが沢山生息していたんだよ」とパイロットは風の中で大声を出した。今では、ジャガーはこの地域から姿を消してしまっている。私たちはピサロ村の上空を飛んだ。村は大豆畑に囲まれていた。次の朝、あそこへ行って村の人たちに、頭上で轟音を立てる有害低空飛行についてどう思うか聞いてみようと私は決心した。

無事、地上に戻ったとき、私は勇気を振り絞ってパイロットの顔についている沢山の火傷のあとのことを尋ねてみた。「事故だよ。俺たちはいつも地上三メートルを時速二〇〇キロメートルで飛ぶ。これはとても危険なことなんだ。一年前、四十℃を超える気温の中、殺虫剤を撒こうと飛んでいた。息が詰まりそうだったんで、窓をほんの少しあけた。殺虫剤が入ってきて、俺は方向感覚を失った。高圧電線が目に入らなかった。気づいたときには手遅れで、電線めがけて突っ込んだ。飛行機の残骸が燃え上がる中、なんとか這い出して助かった。俺は運が良かったよ。同じような事故に巻き込まれたパイロットの九五パーセントは助からないって、事故調査員が言ってた」。

フリオ・モルナールは、彼のフライトが下にいる人たちにとってどれほど危険かよく知っている。彼は周辺の村を飛行禁止区域に指定してほしいと思っている。だがそういう施策を実現させるのは難しい。特にここは北の無法地帯、中央政府のある場所からは遥か彼方だ。まして法律は権力者の味方ときている。「タンクの中に『カクテル』と呼ばれるものが、よく入れられる。いろんな化学物質を全部いっしょくたにしたもんだ。除草剤、殺菌剤、殺虫剤。ものすごく危険なんだ。本当はそんなことしちゃいけないんだが、費用を削るために誰でもやってる」。

大豆街道を走っていて、私たちは何度も地元の村民の苦情を耳にした。農薬散布機が飛んでいると、多くの人がひどく咳こむ。皮膚には湿疹が出るし、視界も悪くなる。フリオ・モルナールはゆっくりと頭を振った。「村の真上を飛んだりはしない。だがそれでも村の人に被害が出るんだ。どうしようもないんだよ。風が一吹きすれば、農薬は五キロメートル以上飛ばされるんだから」。

飛行機の小さな格納庫で、やせた男がフリオ・モルナールを待っていた。彼の飛行クラスの教え子だそうだ。フリオ・モルナールはこの地域の医者だと言って彼を紹介した。彼の名前を出すことはできない。彼がしてくれた話は、彼の仕事に差し支える内容だったからだ。「私が診察する村民の中に、農薬の犠牲になる人がどんどん増えています。医学的見地から見て、最も有害な物質はグリフォサート、ラウンドアップの主成分です。このあたりの病院では、死産や障害を持って生まれる子どもが多いんです」。

公衆衛生の公式データは、チャコ州の大豆ゾーンで先天性異常が四倍に増加したことを裏付けている。ガンによる死亡も、著しく増加している。モンサントはラウンドアップの有害性が従来の除草剤と変わらないと主張し続けている。だが、モンサント自身を除いて、この主張を証明した者は誰もいない。

二〇一〇年、アルゼンチン分子生物学者アンドレス・カラスコ教授の画期的な研究論文が、アメリカの科学雑誌『ケミカル・リサーチ・イン・トキシコロジー』に掲載され、事態は一変した。彼の所属する細胞生物学・神経科学研究所において、両生類を使ったグリフォサートの実験が行なわれた。カラスコは自分自身の研究結果に驚愕し、象牙の塔に安穏と閉じこもっているのをやめて、その研究結果がモンサントへの武器として使えるようにしようと決意した。私はこの威勢のいい男に会った。ベルギーの都市ヘントで行なわれた反ＧＭＯ会議で論争が加熱しようと、彼はお構いなしだった。彼は、両生類を使って行なった彼の包括的研究について、私に説明した。両生類はゲノム構造が人間ととても近い。実験用動物にごく少量のグリフォサートを注入した結果、流産や先天性異常が発生した。科学者として彼はこう警告する。「ほぼ疑いなく、農村でのグリフォサート使用と先天性異常の発生には相関関係がある。私はとても恐ろしくなり、大統領にその旨を手紙で伝えた。私はキルチネル女史〔訳注：アルゼンチン大統領クリスティーナ・フェルナンデス・デ・キルチネル〕と同じ大学に通っていたので、彼女を個人的に知っている。だが彼女は返事もよこさなかった。政府はこの時限爆弾に目をつぶったままだ。体系的疫学調査も行なわない。調査をすれば、大豆モデル全体が終わってしまうと恐れたのだ」。

　カラスコは、ブエノスアイレスのアメリカ大使館やモンサントからターゲットにされた。ウィキリークスに公表された文書によると、彼らはカラスコについて極秘調査を行ない、アルゼンチン政府のいくつかの部署と主要な全国紙が共同で、真面目な科学者である彼の評判を落とそうとキャンペーンを始めた。カラスコがアルゼンチンの「緑のスーパーパワー」としてのポジションに疑いを投げかけたために、モンサントの擁護者はいきり立った。ＷＷＦ元総裁エクター・ローレンス博士を取材したとき、彼はカラス

アンドレス・カラスコ教授（2014 年逝去）

コをイデオロギーで動く「ペテン師」とまで言って非難した。この話をするとカラスコ教授は笑ったが、実際に攻撃を受けていることは明らかだった。彼らから身を守ることに多大なエネルギーを要した。大学の同僚たちからも中傷されたと彼は言った。だが一方で――彼の目がここでキラリと光った――「現実」は嘘よりも強い。「大豆ゾーンでの健康被害は、ＧＭＯ狂でさえ、もはや否定できない」。アンドレス・カラスコ教授の研究論文のおかげで、ラテンアメリカ中で除草剤を浴びた人々は勇気を得て反対の声を上げるようになった。カラスコは、除草剤散布に反対するアルゼンチン農村部の医師たちの組織にも助言を与えた。ＧＭＯに反対する世界中の活動家は、このひたむきで勇敢な科学者の死を知って愕然とした。アンドレス・カラスコ教授は、二〇一四年五月十日に死去した。

大豆ハイウエイに戻ろう。正しくは五号線だ。翌日私たちは、ヘネラル・ピサロと呼ばれる村に到着した。長年FVSA総裁を務めたエクター・ローレンス博士が、ここに来ることを強く勧めたのだった。ここで私たちは、WWFアルゼンチンの自然保護における「偉大なる成功」例の一つ、すなわちピサロ国立公園を見て恐れ入ることになるのだそうだ。ローレンスによれば、WWFはこの「価値の高い森林」を、大豆ブームで儲けようとする州政府のがめつい連中から救ったのだという。州政府は、二万ヘクタールもの自然保護区指定を「解除」し、大豆業界に売ってしまった。この取引に怒った住民たちが抵抗し、大手の自然保護団体の注意を引いた。最初はグリーンピース、そのあとがFVSA、すなわちWWFアルゼンチンだった。環境保護団体は州知事を訴え、勝訴した。ただし半分だけ。

裁定の結果、州政府はもとの自然保護区の一部を企業から買い戻さなければならなくなった。だがもともと保護されていた二万ヘクタールのうち、総面積四〇〇〇ヘクタールがそのすべてだった。残りの広大な面積については、大豆業界が引き続き所有することを許された。前日にピサロ国立公園の上空を飛んだとき、その四〇〇〇ヘクタールの土地はちょっぴりにしか見えなかった。西側にそびえる山々に向かって伸びる細く青い帯が左右に枝分かれし、その間に切り身のような土地が見えた。切り身の部分では今、大豆が栽培されている。ないよりマシだろ！　とWWFが言っているようだ。私たちは公園管理について調べようと、村へ入っていった。

ピサロは、埃っぽい道路のある長方形の村だ。何カ月も雨が降っていなかった。村民たちは、森林破壊のせいだと言った。そのせいで気候が変化したのだということだ。村に至る鉄道はずっと昔に廃止された。昔の線路の上を、黒ブタやヤギが歩き回っていた。公園の管理事務所は、崩れかけた鉄道の駅舎の中にあった。狭い部屋の中に、木製のテーブルとリング・バインダーの収まったゆがんだ本棚がある。それだけだった。

パーク・レンジャーのソレダード・ロハスは、私たちの驚くのを見て微笑んだ。「アルゼンチンへようこそ！　ここには国立公園内をパトロールする車すらないんですよ。自転車で回らなくてはならないんです」。そんなバカな！　WWFはこのモデルプロジェクトに大金を投資したんじゃなかったのか？　ソレダードの笑顔は満面に広がった。「WWFは抗議行動が終わりに近づくまで参加しませんでした。この森を守るために戦って勝ったのは、私たち、この地域の住民です。WWFは突然、その行動に乗っかってきて、ある国際組織からそのための資金を手に入れたんですよ」。WWF代表のウリセス・マルティネス・オルティスにメールで問い合わせ、WWFがピサロの「管理計画」を進めるために地球環境ファシリティ〔訳注：Global Environment Facility：発展途上国の環境保護プロジェクトに資金を無償提供する国際メカニズム〕から一六万七〇〇〇ドルを受け取ったことを確かめた。この金は、主に「コンサルタント」料として「適正に」支出されたとのことだった。ソレダード・ロハスは少し驚いたようだった。「ここでコンサルタントなんて、見たこともないですね」。

WWF創設者であり独裁政権時代の経済大臣であったホセ・マルティネス・デ・オズは、ジャガー狩りをしにピサロに頻繁に来ていた、と村の年長者たちが教えてくれた。ジャガーはハンティングからは生き延びたが、彼らのその後の運命は大豆業界によって隠蔽された。ソレダード・ロハスなどのレンジャーたちは、今ではジャガーが生息している痕跡を見ることはない。「ここではもう絶滅したようですね。国立公園エリアは狭すぎます。それに細切れだ。ジャガーは広大な面積を移動しますからね。東はチャコのサバンナから西はユンガスの雨林〔訳注：ペルー・ボリビアから北アルゼンチンに至るアンデス山脈の麓の森〕

まで。今じゃもうそんなことは、できやしません。やろうと思ったら、大豆畑を二、三〇〇キロメートル超えていかなけりゃならない」。

私たちは、この不思議な国立公園の周辺にもう一日滞在しようと決め、この地域で唯一のホテルを予約した。トラック運転手や技術者、大豆畑で季節労働をする移民労働者が泊まる道路脇の陰鬱なホテルは、ルータ・シンコ〔訳注：スペイン語で五号線の意〕という名前だった。長い廊下はゴキブリだらけで、部屋にたどり着くまでに腐敗臭を放つ老いぼれ犬を三匹もまたがなければならなかった。室内が真っ黒になるほど蚊が飛んでいた。室温は四四℃を越えた。テレビは壊れていた。小さなプールには一滴の水もなく、中に水遣り用のホースが打ちやられているだけだった。

翌朝、私たちは小規模農家モイセス・ロハスを訪ねた。彼は数頭のブタを飼い、林の合間に小さなトウモロコシ畑を持ち、州都サルタの市場で売るためにトマトを小さな温室で育てていた。ブタはアルガローバ〔訳注：南アメリカ原産のマメ科の植物ブラック・アルガローバ。実は食用、木材は家具などに利用される〕の木の実をエサにしていた。つまり濃厚飼料は必要としていない。「俺たちは本物のエコロジストだよ」と彼は言った。「森を利用するが、破壊したりはしない」。モイセスは土地のほとんどを失っている。「俺の土地は、今はブエノスアイレスに本社のある民間企業が使っている。州がその企業に貸してるんだ。国は慣習法を認めているというのに。土地は州のものだ。だけどそこで生活したり働いている者を簡単に追い出すことは許されないんだよ」。地方政府は代替地を彼に与えたが、もとの土地の半分の面積しかなく、土壌の質も悪かった。あてがわれた土地を売却してしまった農民も沢山いた。家畜を飼うには狭すぎたからだった。その農民たちは今、生活保護を受けながら村で暮らしている。

モイセスの隣人カルロス・オルドネスがおしゃべりをしにやって来た。彼はもう三年も代替地を待っている。約束された補償金も、まだ支払われていない。彼は、生計を立てるために村に小さなスーパーマーケットを開いた。彼は、WWFの農民に対する扱いがひどいと言う。「大企業と結託してこう言うんだよ。この森は『劣化して』ますって。俺たち（地元民）が耕作しているからだって言うんだよね。WWFはそうやって俺たちを追い出して、政府に土地を提供してやってるんだ。森を利用することのどこが悲惨だっていうんだ？　ブラック・アルガローバの木は世界で一番硬くて、一番価値のある木だ。少しずつ利用していけば、生活に困ることはない。大豆業界は、ここの木を何百万本も切り倒して焼き払っていった。そしてWWFは見て見ぬフリだ」。

そうこうしているうちに、私たちの周りには沢山の農民が集まってきた。農民カルロスは、あわれなピサロの破滅をグローバリゼーションという名の災いの物語に見立てて語り始めた。「大豆は俺たちを貧乏にして、カーギルみたいな企業を金持ちにした。ヤツらはここで大豆を耕作して、油に精製し、グローバルマーケットで売る。そしてそのために、俺たちは農地を失う。心配いらないよとカーギルは言う。そうして地球のどこか遠いところから小麦を輸入する。そうすりゃピサロにいたってパンが食えるとさ。こうやって俺たちは、アグリビジネスに頼らないと食えないようになる。ヤツらはすべてをコントロールしたいのさ。モンサントはいつも言う。『私たちは世界を養う』ってね。ヤツらがやって来るまでは、俺たちは自分で食ってたのにさ」。アルゼンチン北部のサバンナの森林の半分はすでになく、さらに五〇〇万ヘクタールの伐採にゴーサインが出されている。

私は今日の主役モイセスに、「農業性毒物」で何か問題が起きたことがあるかと尋ねてみた。彼は林の樹冠を指さしてこう言った。「あるよ。飛行機が除草剤を撒きに飛んできたとき、湿疹が出て、林の木の葉が落ちてきた」。突然、私たちの背後で大声が響いた。彼の妻フランシスカ・サンチェス・デ・ロハスがいつのまにか家から出てきて、積極的に議論に参加していた。「あんた、死んだ赤ん坊のこと言うの忘れてるよ。私は妊娠九カ月で、お腹に女の子がいたんだよ。帝王切開しなきゃならなかったんだけど、赤ちゃんは死産で、重い障害があった。診察したお医者さんたちが、化学物質のせいかもしれないって言ったんだよ。危険な場所に住んでるからって。たぶん除草剤が遺伝物質を傷つけたんだよ。うちじゃ、そういうことがあったのさ」。

フランシスカ・サンチェス・デ・ロハス　荒れ果てた大豆畑の前で

バイオディーゼルは、地球上に構造的暴力の新しい波を立たせるきっかけとなった。元国連食料の権利に関する特別報告者ジーン・ツィーグラーは、農地での燃料作物生産を「人類に対する犯罪」と呼んだ。植物由来のエネルギーは、飢餓、貧困、死を生み出す。それでもWWFは推進し続ける。

二〇一〇年五月、WWFバイオマス・エキスパートのマルティナ・フレッケンシュタインは、業界に対して魅力的なオファーを提示した。スペインのセビリアで開催された世界規模の業界の集まりである世界バイオ燃料会議において、彼女はこう言った。WWFの見解では、持続可能なバイオマス生産に供されるエリアは、世界全体で四億五〇〇〇万ヘクタールに拡大することが可能である、と。その面積はEU全土に匹敵する。[原注54] もしこのビジョンが現実のものになれば、地球上のすべての農地の三分の一がバイオ燃料用植物の耕作に供されることになる。人類にとって悪夢のシナリオであり、世界の飢餓を悪化させることは確実だ。WWFと長年の同士だった団体でさえ、バイオ燃料に背を向け始めている。二〇一三年十二月、巨大食料メーカーのユニリバーとネスレが、EUエネルギー委員会の委員に書簡を送った。その中で彼らは、バイオ燃料生産に用いる食用作物の比率を大幅に下げることを要望している。そうしなければ、気候変動と飢餓の両方をストップさせることはできないだろう。バイオ燃料をわずか一パーセント増やす代わりに、「三四〇〇万人の食料に振り向けることができるだろう」と、彼らはその共同アピールの中で述べている。[原注55]

バイオ燃料のロビー団体として、WWFはますます孤立している。湧き上がる批判には耳を貸さないつもりのようだ。いや、あるいはそうでもないかもしれない。本書のオリジナルであるドイツ語版を二〇一二年夏に出版して以来、本書が引き金となった論争は、WWFの運営側でも議論をするきっかけとなったと聞いた。もしかすると、ポリシーに僅かな変化が生まれるかもしれないと。二〇一三年十一月二十八日、WWFドイツは「持続可能性を探し求めて」というタイトルのパンフレットを発行した。その中でさまざまなバイオ燃料の持続可能性認証モデルを分析し、WWFが共同設立者となった持続可能性認証でさえ、手厳しく批判している。「私たちの行なった分析によって、いくつかの重要な問題が承認された基準にうまく盛り込まれていないことがわかりました。企業レベルでの社会・環境管理システムの実施、侵入生物種の取り扱い、有害な化学物質の使用制限、廃棄物および排水の処理、水辺の回復、非GMOオプションを提示するためのサプライチェーンの分離などです。公式報告書、内部システム管理、監査の範囲と厳格さにおいて、多くの基準が適正に透明性を確保できていません」[原注56]。

ブリュッセル〔訳注：ベルギーの首都〕のWWF再生エネルギー政策上級職員インケ・リューベッケは、この研究の発表の場で欧州委員会に再生エネルギー基準の改善を求め、次の驚くべき結論に至っている。「水質の有害化と土壌汚染は、ガソリンタンクを満タンにする〔訳注：バイオ燃料でという意味〕ために払う代償としてはあまりに高すぎる」。ほんのわずかな言い訳でも、何もないよりはマシだ。少なくともWWFは今、「緑の」認証を受けるための基準を以前より厳しくしたいと考えている。だがバイオ燃料ブームから決然と撤退する様子は、まだどこにも見当たらない。

第九章　世界の再分配

真実であってほしくないことは、真実であるはずがない。以前知り合いになったＷＷＦ職員に、ＲＴＲＳ（責任ある大豆に関する円卓会議）のある会合で、ＷＷＦがモンサントと結託して「責任ある」ＧＭ大豆の認証基準に賛成票を投じたと言ったら、「陰謀論者野郎」と怒られた。ＷＷＦとモンサントの協力などあり得ない。何と言ってもＷＷＦは二〇〇四年八月に他の環境団体と共に、責任ある大豆生産のバーゼル基準〔訳注：コープ・スイスとＷＷＦスイスが共同で作成した大豆生産に関する基準。ＧＭＯの使用を禁止しているため産業界の支持を得られず、その翌年にＲＴＲＳが設立されたと言われている〕に署名したのだから。バーゼル基準とは、遺伝子組み換えを断固として拒絶した大豆生産のガイドラインである。だがＧＭＯに関してては、パンダは二つの顔を持っている。

私はビジネス・コンサルタント、ヨッヘン・ケスターを取材するためにジュネーブに飛んだ。取材前に電話した時点で、彼は早くもこんな謎めいたコメントを口にした。「遺伝子組み換えの件では、ＷＷＦに一杯食わされた気分ですよ」。私は今、レマン湖の素晴らしい景色を眺めながら、彼の会社トレースコンサルトの前に立っている。彼は大豆業界でビジネス・コンサルタントとして有名人だが、彼にとってはGM大豆の仕事など「倫理的な」意味において問題外だ。遺伝子組み換え大豆は「人類にとって、とんでもない害悪」だと彼は言った。世界の二大GM企業がRTRSの会議に加わるのをWWFが許しているということが、彼には「理解できない」。二大企業とはアメリカのモンサントとスイスのシンジェンタのことだ。「その結果、将来的には『持続可能』と認定された大豆の八〇から九〇パーセントが、遺伝子組み換え種子から育ったものになるでしょう」。

GMOがもたらす人体への長期的な影響がどんなものか、誰にも確かなことはわからないと彼は言う。「結果がわかるのは二世代か三世代あとでしょう。だがモンサントは、そんなに長く待っていられない。モンサントは遺伝子組み換えの研究に何十億ドルも投資している。彼らは今、その技術を実用化することに躍起になっている。何が起ころうと知ったこっちゃない」。それは「ある意味、理解できる」とビジネスマンであるケスターは言った。だが「自然保護団体として豪華ブランドである」WWFが、モンサントと親密になったのが、彼には「ショック」だった。彼は自分の言っていることの意味をよく理解している。彼自身、RTRSの仕事をしたことがあるからだ。「RTRSが動き出したとき、GM大豆が持続可能性認証を取ることは金輪際ないと私は信じきっていました」。

二〇〇五年三月、RTRSの最初の会議がブラジルの都市フォス・ド・イグアスの豪華ホテルで開催された。議長は、エクアドルの元環境大臣ヨランダ・カカバドセ。二〇一〇年にWWF総裁に選ばれる人物だ。大豆業界のビッグ・プレーヤーが集う中、国際大豆市場をコントロールする次の四社も姿を見せた。ADM、カーギル、バンジ、そしてルイ・ドレイファス。彼らに同席したのは、緑のゴールドの取引に融資するオランダのラボバンクとＨＳＢＣ。どちらの金融機関も、穀物企業の大株主だ。

食料メジャーの多国籍企業ユニリバーは、円卓会議の設立メンバーである。種子と農薬の巨大メーカーであるデュポン、パイオニア、バイエルもそうだ。その他に、バイオマス業界の新顔が参加している。石油会社シェルがその一例だ。ＷＷＦが参加することでＲＴＲＳは、大豆の生産・流通に関わるすべての役者を集め、「持続可能な」大豆の国際基準を共同で作成することに成功した。

初めのうち企業の面々は、ＷＷＦが費用のかさむ環境規制をいくつも要求してくるのではないかと、戦々恐々としていた。だがすぐに、そんな心配は無用とわかった。専門家はＲＴＲＳ交渉のことを中途半端でどっちつかずと評する。生産者に対し、森林の伐採も耕作可能地への自由な農薬攻撃の続行も許している。ガイドラインの規定は、大豆軍隊の侵攻からほんのわずかな「価値の高い原生林」を防衛しているにすぎない。だが業界にとってこの交渉で本当に重要なのは、ＷＷＦがＧＭＯを容認するかどうかという点だった。

パンダとの約束

ヨッヘン・ケスターは、円卓会議のワーキング・グループに「自分の主義」でずっと参加してきた。「最初の会合で、誰かがＧＭＯの話題を持ち出したら、執行委員会の代表が即座にさえぎってこう言ったんです。『ここでそのことを議論しないでください』。こんな検閲があることに、皆ちょっと驚きましたよ。今どき箝口令なんて。だが次の日、少なくともその理由が伝えられた。『ＲＴＲＳは〝技術〟に対して中立的であり、遺伝子組み換えについていかなる立場も取らない』、とね」。

だが「技術に対して中立的」なのは初めのうちだけだった。二〇〇九年には多くの人が驚愕する中、モンサントとシンジェンタの参加が許された。遺伝子組み換えでは世界最大企業だ。GMOコンビが円卓会議のテーブルに着くや否や、持続可能な大豆の基準を定める作業に勢いがつき、ヨッヘン・ケスターの恐れは現実のものとなった。二〇一〇年、RTRSは「責任ある大豆」のガイドラインを採択した。もちろんWWFとモンサントは賛成票を投じた。

RTRSの声明は、この上なく率直な内容だった。「RTRSは責任ある大豆に関する円卓会議協会によって作成された自主的な認証プログラムです。慣行栽培、有機栽培、遺伝子組み換えなど、すべての種類の大豆に適用されます。あらゆる規模の大豆栽培、そして大豆を栽培するすべての国で用いられるようにデザインされています[原注57]」。

このガイドラインの承認は、GMO企業にとって完全なる勝利であった。GMOは人類と自然に対して危険だと証明されているにもかかわらず、信望厚いパンダのお墨付きで「持続可能」と認められたのだから。

これでモンサントは、持続可能と認証された方法で、熱帯雨林に侵攻して大豆を生産できるようになった。これまで、高温多湿なアマゾン川流域での大豆生産は、採算が取れなかった。大豆は細菌や害虫や競合植物の攻撃のせいで、まともに育たなかった。モンサントが便利な認証を手にしたおかげで、熱帯気候にも耐えられるように遺伝子操作した大豆が市場に出回った。次に起こるのは「持続可能な」熱帯雨林の破壊である。WWFは自ら導入をあと押ししたRTRS認証によって、遺伝子組み換えのパイオニアたちに神々しい贈り物を授けたのだった。

ヨッヘン・ケスターは、今でも複雑な気持ちでいる。「モンサントのような企業を、何だって参加させたのか。モンサントは二〇〇九年に、世界で最も倫理にもとる企業として『賞』を受けたというのに」。WWFが少なくともモンサントの経営者との対話において、事業のやり方を改善させようという善良な意思を持っていたのではないかと、彼にわざと反論してみた。ヨッヘン・ケスターは笑うしかなかった。「あなたはサンタクロースをまだ信じているんじゃないでしょうね。企業と馴れあったって、良いことなんかありませんよ」。

モンサントと懇ろになるということは、環境保護運動におけるタブーを打ち破ることだった。当然、WWFが犯した基本原則への背信は、批判の波を巻き起こした。たとえばドイツ自然・動物保護・環境連合（ドイチャー・ナチュアシュッツリンク：DNR）は二〇一一年二月九日付の書簡で、WWFのやり方に対し、以下のような苦言を呈した。「RTRSは、失敗だと証明されて久しい農業システムに対し、生命維持装置を提供している。……WWFがGM大豆生産は完全に良いものだと言えば、企業を助けることにつながり、残念ながら長年にわたってGM大豆の環境と健康へのリスクに警鐘を鳴らしてきた多くの環境保護団体を裏切ることにもつながる[原注58]」。

WWFヨーロッパ各国支部の多くも、モンサントを支持することと自然保護とがどう関係するのかまったく理解できないでいる。企業と仲の良いWWFインターナショナルのアメリカ人たちが、「ごく少数の意見」を代表して密かにリーダーシップを取っているからだと彼らは解釈している。私はジェイソン・クレイに取材を求める手紙を出した。WWFアメリカ副総裁であり、WWFインターナショナル市場変革プログラム上級副代表かつ運営委員である彼が、結局のところモンサントなどの大企業との契約を画策して

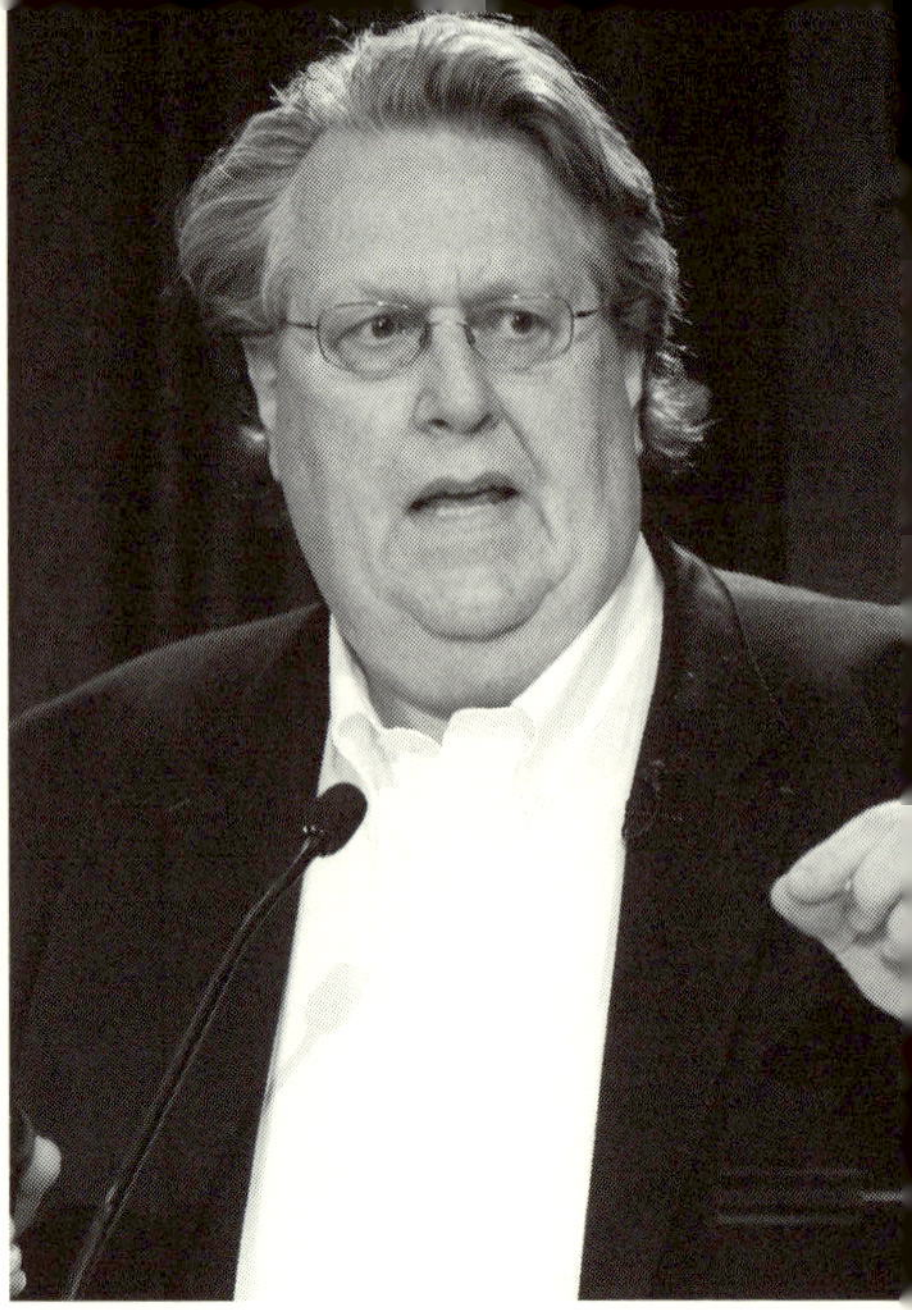

ジェイソン・クレイ博士

きた張本人だ。ＷＷＦがなぜこのような非対称的パートナーシップに走るのか、そしてそこから得るものは何なのか、彼から説明が聞きたかった。ジェイソン・クレイは親しみの込もった返信をよこし、事前に渡した質問状にもとづく取材に合意した。私たちはワシントンＤ・Ｃの彼のオフィスで会う約束をした。

ところが取材の直前になって、クレイのプレス担当秘書からキャンセルを言い渡された。ジェイソン・クレイは、この取材から距離をおかなくてはならないのだそうだ。ＷＷＦドイツが私の「テレビ・スペシャル〔訳注：二四九頁の解説参照〕に若干の問題と懸念がある」と言ってきたということだ。「……私たちはパートナーシップ組織であり、ドイツ事務所の意見に従う必要がある」。私はＷＷＦドイツのスポークスマン、イェーン・エーラースに電話した。彼はしてやったりと思っているらしく、意気揚々とこう言った。「キャンセルされて不愉快なのはわかるよ。でもこちらにとってはキャンセルでよかった」。私は、ドイツ事務所がどうしてこうも圧力をかけてくるのかと尋ねた。「ジェイソン・クレイがざっくばらんにしゃべりすぎると、うちはスポンサーや寄付者を失ってしまうからね」。

ＷＷＦ各国支部の多くは今でも、ＧＭ大豆の持続可能性認証がただの交渉上のアクシデントだと信じている。彼らの「身内たち」は、今日までモンサントに欺かれてきた。そうに決まっている。だがこのあとの調査で、その説明が現実に即していないことが明らかになる。

ジェイソン・クレイ

モンサント、カーギル、ユニリバー、シンジェンタは、国際食料・農業貿易政策協議会〔訳注：International Food & Agricultural Trade Policy Council: IPC〕という強大なロビー組織の共同設立者である。そのミッションは、GMOの福音を世界に広めることだ。協議会は、遺伝子組み換えで地球上の飢饉を克服するため、新たな「緑の革命」を推し進める。WWFはこのロビー団体で唯一のNGOである。WWF代表として参加するのはジェイソン・クレイだ。

二〇一〇年夏、ワシントンD・Cで開催されたグローバル・ハーベスト・イニシアティブ会議において、モンサントとデュポンのスポークスマンは未来の集約的農業を鳴り物入りで宣伝した。続いて演壇に上がったのはWWFのジェイソン・クレイだ。彼は講演の中で、遺伝子組み換えに対する揺るぎない信念について語った。「私たちは農業のフットプリントを凍結する必要があります。これからすべきことが七つか八つある。いや皆さんは合意できないかもしれません。それで結構。これからすべきことについて、議論を始めようではありませんか。そのひとつは遺伝子です。私たちは少ない投入量で多くを生産しなければならない。温帯の作物だけに注目してもダメだ。もちろん一年生作物だけでもダメ。熱帯作物や『孤児』作物〔訳注：ある地域で重要であるが品種や栽培の改善が進んでいない作物〕に注目する必要がある。環境へのインパクトが少なく、面積あたり、投入量あたりのカロリーの高い作物に注目しなければ[原注59]」。

遺伝子操作の可能性の一例として、ジェイソン・クレイは穀物のメガ企業カーギルが出資したある研究について言及した。その研究結果はこうだ。遺伝子組み換えによってオイルパームの生産を倍増させられる可能性がある。そしてジェイソン・クレイによれば、世界で最も貧しい国々の食料供給問題はＧＭＯの力でしか解決することができない。ＧＭＯによってマンゴー、カカオ豆、バナナの収量は、従来種の三倍になるだろう。「優先順位をはっきりさせましょう。食料生産に注目しなければなりません。どこで必要とされるか、何が必要とされるか、そしてどうやって前に進むか。遺伝子組み換え作物を市場に出すには、少なくとも十五年はかかる（ことによると始めてみればもっと長いかもしれない）。今日始めなければ、二〇二五年に間に合わない。時は進み続ける。今、動き出さなければ[原注60]」。

このメッセージは、モンサントのＣＥＯヒュー・グラントの耳には音楽のように聞こえたに違いない。「私たちは世界を養っている」という呪文は、彼自身のものだから。グラントにとって、ＷＷＦとの同盟は戦略の成功を証明していた。絶大な影響力を持ち、業界や政府のヒモがついていない市民団体が、「もし」も「しかし」もなく無条件に「イエス」と言ったのだ。

ジェイソン・クレイはいつも講演のとき、自分がミズーリの小さな農家で育ったという話から始める。彼は講演会のテンションを上げる方法をよく知っている。相手がビジネスマンではなく環境保護団体や知識人なら、彼はピッチを徐々に上げていく。序曲として、彼は企業を攻撃する。彼らがどんなに破壊的なエコロジカル・フットプリントを残しているかを批判し、最後はカタルシスを呼ぶトランペットのクレッシェンドだ。ＷＷＦがグローバル企業を「やさしく包み込め」ば、この世の悪は消え失せる。

エジンバラで開催されたＴＥＤグローバル・カンファレンス〔訳注：ＴＥＤ：Technology Entertainment Design の略。毎年一回、大規模な世界的講演会を主催しているＮＰＯ〕の二〇一〇年七月の講演で、ジェイソン・クレイは地球上で最も重要な企業一〇〇社とパートナーシップ契約を結ぶつもりだなどと、とんでもないことを言った。クレイのデータによれば、それらの企業は世界で最も重要な一五品目の収穫・生産・国際流通をコントロールしているという。「民間企業の自主基準を学び、それを採用しなければならない。世界一の生産者が用いている基準だ。それを政府の規制にも生かしていく。そうすれば性能曲線全体をシフトさせる〔訳注：性能曲線とは本来は機械の性能を示す曲線。ここでは「コストパフォーマンスが上がる」と言いたいものと思われる〕ことができる。世界最高の企業を探すだけではなく、彼らのやり方を参考にその他の企業を動かすのだ」。

ブラックウォーター

私はワシントンD・Cで、WWFのある部署のトップと会った。彼は本部が私のことをペルソナ・ノン・グラータ〔訳注：好ましからざる人物〕だと決定したことを知っていたが、そんなことは気にしていなかった。ただ、自分の組織から「不忠者」と思われたくないそうなので、ここで名前は伏せておく。彼は長年、環境保護の仕事をしてきたが、もはやWWFの組織内で心安らかではいられなかった。運営はすでに、企業から来たマーケティングの専門家やマネージャーに牛耳られている。「WWFは原則を失ってしまった」。彼に言わせれば、モンサントとの大豆に関する契約は、WWFのモラル低下も極まったことを表わしている。そのため彼は私に、モンサントに関わるきわどい話をする気になったという。

「二〇一〇年の夏、モンサントのCEOヒュー・グラントは、ワシントンD・CのWWFアメリカ本部を極秘で訪問した」。彼をはじめとするほとんどのWWF運営メンバーには、密室で何が交渉されているか知らされなかった。別れ際、彼は政治週刊誌『ザ・ネイション』の記事のコピーを私に手渡した。「これで、僕がジェイソンの新しい友人たちをなぜ恐れているかわかるよ」。ホテルに戻ると私は記事を読んだ。モンサントが明るい慈善団体でないことは私にもわかっていたが、ジャーナリスト、ジェレミー・スケイヒルの暴露記事にはさすがにショックを受けた。二〇〇八年にモンサントが悪名高き民間軍事会社ブラックウォーターから人を雇い、遺伝子組み換えに反対する団体に潜入させていたことが、彼の調査で暴かれたのだ。アメリカ企業ブラックウォーターは普通、外国政府の依頼で国際紛争や内戦に傭兵部隊を展開する。アメリカ政府が自分たちの存在を公にしたくないときに、ブラックウォーターがアメリカ陸軍やCIAの特殊作戦を行なうこともある。特に「テロとの戦い」の名の下に標的殺害を行なう場合に。

モンサントとの契約で、ブラックウォーターは子会社トータル・インテリジェンス・ソリューションズ（TIS）を展開した。『ザ・ネイション』によれば、二〇〇八年一月にTIS会長コファー・ブラックがチューリッヒでモンサントのセキュリティ・マネージャーのケヴィン・ウィルソンと会った。その席でブラックウォーターはモンサントに、独自のセキュリティ部門を設立するよう助言した。その後、この民間シークレットサービス斡旋業者は、反GMO団体やメディアにエージェントを配備し、内部から転覆させようと目論んだ。[原注62] ビッグ・ブラザーからこんにちは、だ。

モンサントは重要な農業商品の種子をガッチリと握って、さまざまな国の経済全体を征服してきた。やがては、それらの国全体をコントロールするようになるかもしれない。モンサントが展望する「素晴らしき新世界」は、ほぼすべての人にとって恐怖の世界である。ただ一つの例外、すなわちWWFを除いては。

ヨーロッパの友

WWFヨーロッパ各国支部は、WWFとモンサントの親密な関係が明るみに出れば、会員が大量に脱退するのではないかと恐れている。本書のオリジナルであるドイツ語版が二〇一二年に出版されたとき、WWFドイツはこの問題を心配する会員や寄付者に向けたフォーラムの形で「ファクト・チェック」のページをたち上げた。何かとお騒がせのパートナーに関する問題だというのに、最初は誠意のない態度で、「WWFはモンサントと協力していません」とそのページで主張していた。さらに彼らは、モンサントから金を受け取ったことなどないとも主張した。だがほんの数日後、この主張を撤回し、WWFアメリカが実際に一九八五年から一九九二年の間にモンサントの寄付を受けていたことを認めざるを得なくなった。一〇万三〇〇〇ドルという大金だった[原注63]。

熱烈なWWF会員でさえも、同団体の試みる自己弁護にもはや納得がいかなくなっていた。二〇一一年六月二十八日、WWFドイツのオンライン・フォーラムで、個人的な感想を次のようにまとめた人がいた。「そうすると、こういう印象が残ります。……あなたがたは企業に自ら利用された。しかも最もマフィアっぽい、現代においては、兵器産業や石油産業に次いで問題の多い企業に」。

同じ日にWWF運営側から反応があったが、それはまるで懺悔のように読み取れた。「企業とやりとりをしている事実があるからといって、私たちがそれらの企業に好意を持っているわけではまったくありません。正直なところ、ときには反発する気持ちを抑えるのがとてつもなく困難な場合もあります。……しかし私たちは、ただ一つの目標に向かっているのです。モンサントのような企業の行動を変えさせるという目標に。考えが甘いと感じるかもしれませんが、私たちは本当にそう思っているのです！」

二〇〇九年二月十七日付の内部文書で、ＷＷＦインターナショナルの運営側はすでに、かねてペンディングになっていたモンサントとの同盟に対する批判をどうひっくり返すか検討していた。ＷＷＦ内部者にしか目にすることのできないこの報告書を見ると、公の舞台でのイメージを回復し、それまでに承認した決議を取り消そうとしているのがわかる。「ＷＷＦは、ＧＭＯに関する立場を新たにする必要がある。特に、ＧＭ生産物がすでに拡散している状況を踏まえて[原注64]」。

一般大衆の抱いた反感については、「ＷＷＦはＧＭ企業を支援している、あるいはＲＴＲＳはＧＭのためのプロセスであるという認識によって当団体の評判や会員数にリスクが及ぶ可能性に対し、ＷＷＦは先手を取って対処する必要がある」と書いてある。報告書は、次の問題に即刻手を打つよう提案している。「ＷＷＦスイスはＲＴＲＳの登録所在地を変更するという選択肢を探るであろう」。適切な処置だ。そのときモンサントとＷＷＦが仲良く所属しているＲＴＲＳは、チューリッヒのホールシュトラーセ一一〇に本部があった。偶然にも、ＷＷＦスイスと同じ住所だ。そんな小手先の工作で、本当に全会員をなだめられるのか？

調査中に、私はもう一つ文書を発見した。ＷＷＦインターナショナル主催の企業経営者向け訓練コースのプログラムだ。これを見れば、ＷＷＦとモンサントとの協力がアメリカだけの問題ではないことが、はっきりとわかる。タイトルはこうだ。「**ワン・プラネット・リーダー**への一歩を踏み出そう。ビジネス・リーダーとエグゼクティブのための持続可能性応用プログラム」。ＷＷＦエグゼクティブ訓練コースの目玉は、企業を「持続可能なビジネス・モデル」に転換させる方法を教えてくれることだ。収益にはまったく損失なしで、だ。それどころか、グリーンなイメージで利益はうなぎ登り。それが気候変動時代のトレンドだ。

参加者はこのコースに約一万三〇〇〇ドルもの高額な料金を支払う。スイスの街イッティンゲンの牧歌的ロケーションで、とびきりの環境の中、昔は修道院だった建物に数日間滞在する。セミナーの客には、「有機栽培の野菜」だけが供される。もっともコースに参加するエグゼクティブの中には、これを究極の罰ゲームだと感じる人もいるかもしれないが。参加者のリストを見ると、グローバル企業の多くがすでにWWFスイスのグリーンウォッシュ・アカデミーに経営陣を送り込んだことがわかる。ABNアムロ銀行〔訳注：オランダの銀行〕、キャノン、コカ・コーラ、ダウ、ジョンソン&ジョンソン、ネスレ、ノキア、シェルそして——モンサント。

私はブリュッセルを訪れ、欧州企業監視所〔訳注：Corporate Europe Observatory〕のニーナ・オランドにこの件について尋ねた。彼女の勤める企業監視組織は、ロビー活動に血道を上げる大企業に注目している。当然、WWFもニーナ・オランドの監視の網にひっかかっている。ブリュッセルにあるWWFヨーロッパ政策事務所は、高級街区テルビュラン通りにあり、モンサント・ヨーロッパ支社からほぼ一〇〇メートルしか離れていない。

ニーナ・オランドによれば、ブリュッセルのドアをノックする〔訳注：ブリュッセルにはEUの諸機関がある〕WWFスタッフおよそ三〇人は皆、欧州委員会の委員や農業・環境・交通などの総局の長に直接アクセスできるコネを持っている。彼らは「建設的」と評判の、歓迎すべき客だ。WWFは、気候政策、エネルギー、水問題、そして交通の会議やセミナーにはいつも招かれる。産業界の集まりに、唯一の環境保護団体として招かれることも多い。こうしたお偉いさんが招かれる会議の多くは、民間による主催だ。企業や業界団体が企画し、出資する。ＷＷＦはまた、ヨーロッパの友〔訳注：Friends of Europe 一九九九年に設立されたブリュッセルにある非営利のシンクタンク。政治的に中立とされているが、ＥＵ機構から資金援助を受けている〕という団体に唯一の自然保護団体として参加している。ヨーロッパの友とは、ブリュッセルで最も影響力の大きいシンクタンクである。

ニーナ・オランドはＷＷＦのことを、ブリュッセルの権力回廊にとって無視できないほど強大なロビー勢力と見ている。二〇〇四年以降、ＷＷＦが植物由来の燃料をプロモートし、特にＧＭ大豆の承認を熱心に推し進めているのを彼女は観察してきた。「企業は、バーゼル基準にまったく関心がありません。遺伝子組み換えをきっぱりと禁止した持続可能性の基準ですから。ＷＷＦもバーゼル基準の署名団体です。でもその署名のインクも乾かないうちに、業界と一緒になってある代替案を打ち出しました。それが責任ある大豆に関する円卓会議です。その目的は最初の最初から、ヨーロッパの再生エネルギー市場にＧＭ大豆を受け入れさせることだったと私には思えます。ブリュッセルのＷＷＦ事務所の人たちは、その分野のＥＵ官僚と会い、民間が作成したＲＴＲＳ認証システムをＥＵが適格と承認するようロビー活動したのです」。

私とニーナは、ブリュッセルにあるＷＷＦヨーロッパ政策事務所のスタッフ名簿を調べた。その中にアメリカ人は一人もいなかった。皆、ＷＷＦヨーロッパ支部の人間だった。ＷＷＦのＥＵクルーを統括するのは、ＷＷＦドイツのインケ・リューベッケ。彼女はバイオエネルギー・ヨーロッパ政策のシニア・オフィサーだ。これはヨーロッパのＷＷＦ代表者たちが会員にいつも真実を語るとは限らないという明らかな証拠だと、ニーナ・オランドは考える。「大豆のＲＴＲＳ認証に関しては、アメリカ人はステークホルダーではありません。はじめからヨーロッパのプロジェクトだったのです。ＷＷＦがいなければ、モンサントはこんなに早く、しかも簡単にヨーロッパに参入することはできなかったでしょう。そして残念ながら、これは単なる第一歩にすぎないのです。遅くともあと二年のうちには、こんな言葉を耳にすることになるでしょう。モンサントの作物の持続可能で責任ある栽培がラテンアメリカでできるなら、ヨーロッパでも栽培したらどうなんだ、と」。

二〇一一年七月十九日、EUはRTRSの認証マークに承認を与えると決定した。これによってGM大豆から作られたバイオディーゼル燃料が、「持続可能な農法から生まれた再生エネルギー」のカテゴリーに入れられたのだ。するとまもなく、RTRS大豆を積んだ船がロッテルダム〔訳注：オランダの都市〕に到着した。ブラジル最大の大豆生産者アマッジからの積荷だった。RTRSにおけるWWFのパートナー企業である。

グルッポ・アマッジ〔訳注：英語名はアマッジ・グループ。大豆を生産するブラジルの大企業〕のオーナーの一人であるブライロ・マッジは、二〇〇七年まで大豆生産地マットグロッソ州〔訳注：ブラジル西部の州〕の知事だった。彼はブラジル最大の森林破壊者として悪名高い。ブラジルの森林伐採の四〇パーセントは、彼の会社が関与したものだ。だがマッジは何とも思っていない。「その四〇パーセントは、私にとっては何の意味もない。少しの罪悪感もない。私たちにはまだ、ヨーロッパより広大な原生林が残っている。心配することは何もないのだ[原注65]」。

アイスクリームを食べて雨林を救おう

ジェイソン・クレイは、誰よりもWWFの二十一世紀ポリシーを体現している。彼は昔の同僚たちよりずっとオープンに、ずっと革新的に、ビッグビジネスに取り入ろうとしている。地球を救うためにモンサントと手を組もうという、このジェイソン・クレイとは何者なのか？　彼を動かしているものは何で、本当に信じていることは何なのか？

旧友や昔の同僚の記憶の中のジェイソン・クレイは、一九七〇年代後半から一九八〇年代にかけて熱心な若き人類学者で、カルチュラル・サバイバルという先住民族の人権擁護組織で働いていた。彼は雑誌『カルチュラル・サバイバル・クォータリー』の編集長だった。自治の獲得に向けて戦う先住民族を支持する上で、影響力の大きい重要な雑誌だった。クレイはフィールドに出ていく人類学者ではなかった。彼が先住民族と現場で関わることは、ほとんどなかった。だが彼は、先住民族の権利を守るために雄弁に語り、いつもその裏付けとしてブリーフケースいっぱいの統計資料を持っていた。一九八八年、クレイはこのように書いている。「何世紀もの間、熱帯雨林を破壊することなく利用してきた人々は今、破壊されつつある。……自然を征服せよと押し付けてくる西洋人の態度が、破滅的な結果を招いている……」[原注66]。

今ではクレイはまったく別人になってしまった。昔はガリガリにやせていたが、今では体重がかなり増えた。彼が今パートナーと呼ぶ多国籍企業の経営者を見倣い、振る舞い方やしゃべり方を真似している。彼はWWFインターナショナルの権力者だ。組織の内部に彼の見解や手法に反対の者がいたとしても、表立って挑んでくることはほとんどない。私はこの偉大なWWF戦略家がどんな人物なのかを知りたいと思ったが、彼と話すことは許されなかったので、それをつきとめるためコロラドまで遠回りすることにした。

人類学者マック・チェイピンはここ数年、ロッキー山脈の麓、ボルダー村の北にある自宅で毎日を過ごしている。彼は一九八七年から一九九三年までの間、ジェイソン・クレイと共にカルチュラル・サバイバルで働き、親しくしていた。「初めの何年かは、ジェイソンはとても仕事に責任を持っていた。彼は編集の仕事に長けていた。さまざまな国の絶滅寸前の先住民族を研究している、事情通の学者の論文をまとめるような面倒な仕事が得意だった。すべてタイトなスケジュールでやっていた。だが時間がたつにつれて雑誌の仕事に飽きてきて、新しい方向に進み始めた。熱帯雨林の生産物のマーケティングだ。一九八九年、彼はカルチュラル・サバイバル・エンタープライズという会社を設立して、先住民族を世界市場に引っ張り出した。中でも人目を引いたのは、レインフォレスト・クランチの開発だった。カラメル・ナッツ・キャンディーをアイスクリームに入れて、人気ブランドのベン・アンド・ジェリーズ・アイスクリームが

マック・チェイピン

販売したんだ。そのナッツというのは主にカシューナッツとブラジルナッツなんだが、熱帯雨林で生活する先住民が手で摘んだことになっていた」。チェイピンはここで笑った。「本当は、先住民が生産した原材料なんて一つもなかった」。砂糖は大規模プランテーション産、乳牛も熱帯雨林などどこにもない土地で育てられた。おまけにレインフォレスト・クランチ・キャンディのアルミ包装材は、およそ「持続可能」なシロモノではなかった。「すべてがウソだったが、それで通ってしまった。ベン・アンド・ジェリーズ

のレインフォレスト・クランチは、大成功をおさめた」。パッケージにはこんなメッセージが書いてある。「森を伐採してすぐに利益にするよりも、ナッツやフルーツや薬草を伝統的な方法で栽培・収穫する方が、ずっと大きな利益につながる。レインフォレスト・クランチは、そのことを私たちに教えてくれる」。

ジェイソン・クレイが考え出したマーケティングが世に出て数年ののち、『ボストン・グローブ』紙のやり手記者が真相をすっぱ抜いた。熱帯雨林の協同組合が生産したナッツは、せいぜい五パーセントだった。ベン・アンド・ジェリーズは、先住民族とは関係のない仲買人から、大量の卸売ナッツを買っていた。それだけではない。先住民族の生産するナッツは品質にバラツキがあり、十分な量を供給することもできないため、必要な質と量を確保するために先住民族の生産には頼っていなかったことも明かされた。結局、ナッツを採集していたのはインディオ〔訳注：ラテンアメリカの先住民族の総称〕ではなく、先住民の住まない地域のメスティーソ〔訳注：白人と先住民との混血〕の農民で、ナッツのほとんどは熱帯雨林でない場所の産物だった。[原注67]

虚偽広告問題で騒ぎが大きくなったため、ベン・アンド・ジェリーズは緊急ブレーキを引き、一九九四年には商品リストからこのフレーバーを削除した。だが同社は、すべて大成功だったと主張した。レインフォレスト・クランチは少なくとも「熱帯雨林の生産物の需要を掘り起こした」からだそうだ。

だが「成功などといえた状況ではなかった」とチェイピンは言う。先住民族の支援どころか、先住民族の状況を悪化させた。レインフォレスト・クランチはマーケティング詐欺として多くの人に記憶されることになるだろう。だがWWF内部では、人々の道義心を満足させつつポケットから寄付金をまんまと戴くこの手法が、未来のキャンペーン・モデルとなった。アフリカのサバンナを救いたいですか？　それならクロンバッハ〔訳注：ドイツのビールメーカー〕のビールをぐいっと飲むか、LTU〔訳注：ドイツの航空会社〕で世界をひとっ飛びしなさい。ホッキョクグマを絶滅から救いたいと真剣に思いますか？　それならコカ・コーラをもっと飲みなさい。しかし、こう聞きたくなってくる。WWFは本当に気候のことを心配しているの？　それとも現金に興味があるだけ？

チェイピンは、以前の同僚の変節を心配しながら見守ってきた。「ジェイソンは、マーケティングが魅惑的だと知った。大企業との取引機会を与えてくれるものだった。一九九〇年代半ばにWWFの仕事をするようになると、急速にトップに登り詰めた。急激に規模を拡大しつつあったWWFなどの自然保護団体は大金を稼ぎたいと望んでおり、ジェイソンが推進する大規模マーケティングはその目標に合致していた。彼はおあつらえ向きの人物だったんだ。彼は意欲に満ち、洗練されたパワーブローカー〔訳注：政治的に強い影響力を持つ人〕だった。そして組織の中の昔ながらの自然保護主義者の多くを威圧した」。

何年もの間、チェイピンや彼の同僚たちはWWF職員と共に働き、親しくしてきた。そしてWWFと先住民族団体との同盟を築かせようと努力した。彼の経験では、この分野の仕事をしているWWFの活動家たちはとてもよくやっていることが多かった。森に住む者たちを守りたいと願い、彼らを尊重して対等につきあった。だが本部の態度は違っていた。彼らは金を追い求め、そこに軋轢が生じた。私はチェイピンに、世界一〇〇大企業を「改善する」ために「やさしく包み込もう」というジェイソン・クレイの声明を読んで聞かせた。チェイピンは微笑んだ。「そういう大企業はとても大きな力を持っている。彼らをサメにたとえるなら、WWFはそれにくっついて泳ぎ、他の魚の食べ残しをつつくパイロット・フィッシュ〔訳注：ブリモドキ：サメなど大型魚や船などについて泳ぐ習性がある〕のようなものだ。WWFパイロット・フイッシュは、コーポレート・シャークにあっち行けとかこっち行けと指示するフリをしているだけだ。WWFのような小さな団体が、シェブロン〔訳注：アメリカの石油会社〕やモンサントのような多国籍企業に影響力を行使できるわけがない。企業が求めているのはグリーンに見せかけるためのイチジクの葉だ。WWFがそれを与えてくれる。もちろん、金のためにね」。

チェイピンはロッキー山脈で平穏に暮らしている。彼は半退職生活で、今は近くのコロラド大学の客員教授だ。そして今もフィールドに出て、先住民族と共に活動している。だが、その活動がうまくいくと楽観視してはいない。「近年は、先住民族の利益に反する方向に動く勢力があまりにも多い。一九八〇年代に、石油会社が熱帯雨林で大規模な掘削を始めた。次には採鉱も始まった。そして今、バイオ燃料向けオイルパーム、サトウキビ、大豆のために熱帯雨林が伐採されている。森林伐採のペースはこれまでにない勢いで、止める方法もありそうにない。シェブロンやモービルなどの大企業と密接に活動する大きな自然保護団体が、先住民族の利益に反する活動をしているのだからね。憂慮すべき状況だよ」。

WWFを知りたいと思うなら、金の動きを追えば良いとチェイピンは言った。WWFやコンサーベーション・インターナショナル、ザ・ネイチャー・コンサーバンシーなどといった大手の自然保護団体は、ビッグ・インダストリー〔訳注：Big Industry. 単なる「巨大産業」という意味ではなく市民の生活を脅かす強大な力を持つという意味が含まれる〕に資金面で依存するようになってしまった。「大手の自然保護団体が、生態系を守ると言いながら生態系を破壊している企業と手を結んで活動するなんて、皮肉な話だ。私たちの側からすれば、WWFが先住民の熱帯雨林を守る戦いを手助けしているようにはとても見えない。一九八〇年代の終わりに、アマゾン川流域の先住民族団体が自然保護団体との同盟を提案し、WWFは共に活動するとうたった方針説明書を作成した。だが実際には、ＷＷＦは何もしなかった」。

チェイピンは、普段は争いを好まない気さくな男だ。だが二〇〇四年、『ワールド・ウォッチ・マガジン』に「自然保護主義者への挑戦」と題する批判文を発表し、自然保護団体の怒りを買った。その中で彼は、フォード財団が先住民族と大手の自然保護団体との関係を批判的に評価したことを公にした。フォード財団は何年もの間、ＷＷＦのさまざまなプログラムに出資していた。「多くの先住民族団体がフォードに対し、自然保護団体から虐待されていると苦情を言ってきていた」とチェイピンは言う。「フォードはコンサルタントを二人雇い、この問題を調べさせた。その結果は驚くべきものだった」。

チェイピンによれば、ほとんどのケースで自然保護団体は自分たちが熱帯雨林を守ると言いながら、そこに住む先住民族を蹂躙していた。先住民族と手を組んで活動していると言いながら、先住民族を追い出そうとする企業と手を組んでいた。ＷＷＦなどの自然保護団体は、企業との取り決めについてはダンマリを決め込んでいた。自分たちは「ノンポリ」だと言い、紛争に際してどちらかの味方になることは道義的見地からないと言った。だが実際には、ＷＷＦは先住民族の証言どおりのことをしていた。ところがフォード財団はこの評価について箝口令を敷いた。チェイピンに対する非難の先頭に立ったのは、国際自然保護連合（ＩＵＣＮ）の当時の会長ヨランダ・カカバドセだった。二〇一〇年一月にＷＷＦインターナショナル総裁になる人物だ。

ラテンアメリカの熱帯雨林には、多くの無防備な先住民族が生活している。この先数十年で、その熱帯エコシステムが破壊され尽くすのではないか、とチェイピンは恐れている。アマゾン川流域ではすでに破壊が進行しつつある。世界中から大企業が資源を収奪しにやって来て「大暴れしている。自然保護団体は、大企業との金銭上の関係でがんじがらめになっている。先住民族と手を組もうなんて夢にも思っていない。そんな状況の中で、大手の自然保護団体は企業の忠実な下僕になってしまった。そしてジェイソン・クレイのような者をトップに据え、企業の価値観に従って行動しているのだ」。

インサイダー

彼の心の中では、WWFはまだ特別な存在だった。「プロジェクトに携わっているときは、とても自由にやらせてもらってた。WWFのやっていることが、全部悪いってわけじゃないよ！」

ブリュッセルの小さなカフェで、ジョンは私と差し向かいに腰掛けた。ジョンとは彼の本当の名前ではない。別のNGOの仕事に応募するので、WWFの影響力がそこまで及ぶのを恐れて匿名を希望した。ジョンはかつてWWFの国際プロジェクトの責任者だったが、すでに組織をあとにしている。「僕がWWFで問題だと思ったのは、対話政策だ。世界中で採用されていた。権力者と交渉をする際には、彼らは密室へと消える。そうすれば世界をより良い場所にしていけると思っている。残念ながら、それがうまくいった例を僕はただの一つも知らない。これまで成功した事例ではすべて、人々が団結して立ち向かい、みんなで何かを成し遂げた。ドイツを考えてみればいい。原子力発電の段階的廃止は対話のおかげではない。何十年間も続いてきた反核運動のおかげだ。闘争で勝利するためには、粘り強くなければならない。WWFは問題に向かっていかない。ただグリーンピースより目立って上層部が満足すれば、それで十分なんだ」。

ジョンはWWFの中でも、対話政策に熱心な中央部に所属していた。彼の意見では、企業パートナーとの円卓会議の多くは、自然保護にとって何の役にも立たないまったくのまがいものだ。ダムの円卓会議で、ジョンの堪忍袋の緒が切れた。「WWFの態度はこうだ。私たちには、しょせんアフリカやラテンアメリカの雨林に巨大ダムが作られるのを止められない。だからその代わりに、『よりよい運用』に力を注ごう。つまりは、悪いものをマシなものにはできても、防ぐことはできないってことだろう」。

水力発電は燃料作物の栽培よりは良いんじゃないかと、私は主張してみた。水力発電の方がクリーンだし、発電のために森林を皆伐することはない。だがジョンはこの主張を退けた。「オイルパーム・プランテーションや大豆の単一栽培は熱帯雨林の周縁部で行なわれる。だがダムは世界で最も価値のある熱帯雨林のど真ん中に作られる。まさに森の中心部から熱帯雨林を破壊するものだ。アマゾンだけで八〇ものダムが計画されている。ダムを作る前に、道路やその上を走る送電線を通すために、広大な森の木が切られる。よその地域から何千人もの移民労働者がやってきてダムサイトを建設し、完成後にはそこに定住して農業をするために森を焼き払う。インディオたちは彼らを『肉食獣』と呼ぶ。そして彼らと共にアルコールや麻薬や売春が入ってくる。WWFは巨大ダムが自然も先住民族の文化も破壊するとわかっているくせに、ダムの増殖を黙認しているんだ」。

ジョンはもちろんWWFを変えようと戦ったが、無駄だった。「WWFは、他の大手のNGOと同じように気候変動を何よりも優先している。いわゆる『再生エネルギー産業』が作り出す新たな問題には、目をつぶっているんだ。さらに悪いことに、WWFは企業のためにダム建設の環境基準のハードルを下げる手伝いをした」。世界ダム委員会や世界銀行が共同で作った古い基準は、良識ある環境規制だったが、大手の建設会社にとってはあまりにも厳しすぎた。

そこで国際水力発電協会（IHA）は円卓会議を設立し、「対話」のためにそこに集ったパートナーたちが基準を低く改めることになってしまった。「WWFはそのオファーを受け入れ、業界との交渉テーブルについた。結果は二〇一一年夏に発表された。明らかに悪い方に変えられていた。基準はもはや業界を縛るものではなかった。遵守するかどうかは、参加する企業の良心に委ねられている」。

私は国際水力発電協会のホームページで、その対話の結果を見つけた。水力発電持続可能性評価議定書というタイトルだ。議定書の署名団体には、エネルギー大企業と共に銀行や政府機関が名を連ね、二つだけNPOも含まれていた。WWFと、アメリカの団体ザ・ネイチャー・コンサーバンシーだ。議定書は「コンセンサスによって」合意に至った、拘束力のない勧告で構成されていた。どうとでもとれる表現を使ったこんな感じの項目が並ぶ。「代替案分析の基準もしくは原則は、一例としては、河川の本流ではなく支流への立地、価値の高い生物多様性地域の回避、再定住の回避が含まれ得る[原注68]」。

ジョンによれば、このときWWFはこれといった交換条件なしに、業界に対してWWFの団体名の使用を認めたという。「典型的な交渉トラップだ。うまい表現を考えるために何カ月も費やして、ちゃんとしてそうな議定書ができたら署名する。だが実際には、実効において何の確約もない。突然、産業界と同じ船に乗っていると気づく。NGOの交渉役のチーフは、そういう経験をしている人が多い。そんな心理状態になるんだ。そうして外部から声が上がり、議定書に合意したことを批判される。それは交渉に参加していた者への個人攻撃になる。それで攻撃された者は、前進への重要なステップだとか言い訳するんだ」。

この議定書に署名したとき、WWFが巨大ダムとの戦いから永久に撤退したとジョンは確信した。「実際問題、合意された基準に注意を払う者は一人もいない。WWFの対話戦略は自然環境の破壊に一役買っていると僕は思っている。企業はこれで、巨大事業に乗り出す行動の自由を得るんだからね。世界中で一五〇〇ものダムが計画されている。『グリーン・エコノミー』は地球の破壊を加速させるだろう」。

南半球、特にアフリカは、将来的に水力発電で巨額の利益を生むと目されている。コンゴ民主共和国に計画されているグランド・インガ・ダムは、世界最大になる予定だ。ブリュセルの旧市街でコーヒーを飲みながらこうした開発の話をしていると、突然ジョンは意気消沈したように見えた。どうかした？「戦うことがますます大変になってきた。グローバリゼーションというものは、どうしようもない。敵が誰なのかわからないことも多い。先住民族は置き去りにされ、彼らだけでどうにかしなくてはならなくなる。西側にいる人間のほとんどは、レジスタンスの文化に背を向けてしまった。WWF内部でさえも、僕は過激だと思われた。この考え方のためにね」。

彼の過激さはジェームズ・キャメロンに匹敵する。大ヒット映画の監督キャメロンは、二〇一〇年にビル・クリントンと共にブラジルに向かい、メガダム群ベロ・モンテと戦うインディオを支援した。そのプロジェクトのために、二万人の先住民族が再定住させられることになっていた。彼らの漁場がダムのために破壊されることがわかると、さらに二万人が移住を余儀なくされた。地球における「アバター」〔訳注：ジェームズ・キャメロン監督作品〕である。ジョンはキャメロンがインディオたちと出会ったときを回想してこう言った。「彼は自分の映画のスクリーンの中にいるような気がしていただろう。ただ、そこにいるのは彼が作り出したパンドラ〔訳注：アバターの舞台となった惑星〕の青い肌の先住民ナヴィではなく、カヤポ族〔訳注：ブラジル、アマゾン東部シングー川流域の先住民族〕と呼ばれる実在の赤い肌の先住民族だった。ナヴィと同じように、彼らはハイテクで完全武装した敵に弓矢で立ち向かった」。

キャメロンの映画では、ナヴィは勝利した。一方、ブラジルのシングー川流域の先住民は、戦いに敗れたようだ。二〇一一年八月、ブラジル政府は先住民族の抵抗を無視して建設許可を下した。その決定が発表されたとき、族長の一人は泣いた。だが他の族長は戦いを諦めなかった。「彼らは断固とした態度で、ブルドーザーがやって来れば武器を取る、そのときが戦いだと僕に言った。これから何が起きるのか、まだ何もわかっていないのだと思う」。

WWFスーパーパワー

WWFの研究によれば、現在、地表の約三〇パーセントは程度の差はあれ手つかずの自然環境が依然として保たれ、そこには主に先住民族が暮らしているということだ。その残されたビオトープをいくらかでも救うために、WWFはエネルギーやアグリビジネスの巨大企業と慎重に交渉しているのだそうだ。WWFは板挟みになっている。アフリカ、アジア、ラテンアメリカでの大規模プランテーションの進行をWWFに止めることはできないが、少なくとも地表の一〇パーセントは厳しい保護規制で手つかずのまま残そうと呼びかけている。WWFのスタッフたちは最近、これを二〇パーセントと言い始めた。一方、大企業はWWFの要求を自分たちに都合の良いように解釈している。もし一〇パーセントしか救われないなら、残りはエネルギー企業やアグリビジネスの最後の奇襲攻撃の格好の的になる。南半球には、国立公園にされていない広大な森林エリアやサバンナがまだある。WWFの計算を信じるならば、インドネシア、ブラジル、アルゼンチンの国土の半分以上がまだ「未使用」で、パプアに至ってはそれが「九〇パーセント」だという。グローバル・アグリビジネスは、この土地をほしがっている。そしてWWFはそれを止めるために何もしていない。

アグリビジネスにほぼ全面降伏したことを道義的に正当化しようとして、WWFなどのNPOは次のような破滅的シナリオを持ち出してきた。食料やバイオ燃料作物にもっと広い土地を解放しなければ、二〇五〇年に土地・食料・水をめぐる戦争が起こるというのだ。地球の人口が九〇億人になれば、農業生産量を今の二倍にする必要がある。しかし現在、すべての食料の半分が消費者の手に渡る前に腐るか捨てられているという事実を考えれば、この恐ろしい予測はすぐに破綻する。WWFの計算は、遺伝子組み換えや単一栽培に基づいたグローバル大規模農業の危険性もほとんど考慮していない。モンサントなどのWWFパートナーたちのやり方は、一つの選択肢にすぎない。ただ一つの道というわけではない。

もう何年も前から、開発政策の国際組織や国連の農業専門家は、地域の小規模農家をサポートすべきだと言っている。健康的な食料を十分な量だけ生産するには小規模農家の方が良いし、将来的にも小規模農家を守っていく方が良いと彼らの意見は一致している。私個人も、彼らの主張の方がモンサントやWWFの主張よりも絶対に良いと思う。それなのに、そうした専門家の意見はちっとも主流にならない。アグリビジネスは強大であり、グローバルネットワークで固く結びついている。それにロビーイストや経営カウンセラーを高給で雇うこともできる。議論に無駄な時間を費やすこともない。振り返ったときには、すでに事態は進行している。

農業・エネルギーの国際企業は、世界中の土地を買い上げるのに忙しい。WWFはこの企業の土地収奪に、お上品なお化粧を施してやる。円卓会議は特に便利な道具だ。「戦略的商品」の「持続可能で社会的に責任ある」生産という認証を与えられた砂糖、木材、バイオ燃料、肉、魚、トウモロコシ、大豆、そしてパームオイル。グリーンウォッシュ以外の何ものでもない。認証ビジネスは大ブームだ。そしてWWFにとっては大事な大事な稼ぎ頭だ。

WWFは境界線の上に立っている。境界線のこちら側では森林を保護し、向こう側では他人の土地、つまりすでに人々が居住し、働いている土地の権利を主張する企業に手を貸している。こうした地元の人々はだいたい大企業の事業の妨げなので、追い出される。WWFは「生活向上のチャンス」などというスローガンを掲げて、先住民族の立ち退きを自発的な再定住というきれいごとに仕立てあげる。「先住民族」を口説き落とせれば、保護地区や国立公園のバッファーゾーンに再定住させられる。まるで人間動物園のような場所に。かつて自給自足をしていた人々は、エコツーリズムに依存するようになり、森の果物を採って生活する先祖伝来の権利を失う。WWFの素晴らしき「持続可能な」新世界で生きのびる代償だ。

新たな世界秩序の構築を目的とした支配システムの中で、WWFは自らの役割を演じている。WWFは巨大アグリビジネスのロビーイストと協力し、認証システムを駆使して、各国政府、EU、世界銀行、国連機関の予算から、何百万ドルもの資金を手に入れる。WWFは一つの政治権力となった。一九九〇年代を通して、西側各国政府が自然保護や環境政策の立案という面倒な作業の大部分をNGOにやらせてきた結果だ。国家の責務を民営化したことで世界的規模の空洞ができ、多国籍企業やひと握りのNGOがそれを埋めるために入り込んできた。

選挙で選ばれることのない少数の人間が水面下の交渉に忙しく働き、その結果、それぞれの産業の君主の利益になるように世界の政策が作られる。地球上に残った最後の収奪可能な土地の分配をめぐって、争いが起きる。グローバル「グリーン・エコノミー」の提唱者は、政府機関など邪魔だと思っている。意思

The World Bank
Washington, D.C. 20433
U.S.A.

JAMES D. WOLFENSOHN
President

December 4, 1997

Mr. Guy Lutgen
Minister
Le Ministre de L'Environnement, des
Ressources Naturelles et de l'Agriculture
Square de Meeus 35, 4e etage
1000 Bruxelles
BELGIUM

Dear Mr. Minister,

Thank you for your letter of September 9 with comments on the WWF/World Bank press release of June 25, 1997. I hope that the following will address and clarify your concerns about the WWF/World Bank Alliance.

With regard to the WWF's minimum 10% target for forest protected areas, we agree that priorities need to be set and close attention paid to determining adequate percentages for forest cover protection based on case-by-case analysis of the situation facing each particular forest type. The key consideration here, we believe, is that forest protected area *systems* need to be fully *representative* of the biodiversity they seek to protect. Simply having a total of 10% of the world's forest under protection will not be adequate if the individual systems do not harbor representative and sufficiently sized samples of all forest types.

Fixing a percentage for protection serves to highlight the importance of promoting good management of forests outside of protected areas. Certification is increasingly recognized as one of a portfolio of tools that can promote forest management and conservation outside of protected areas, one that also serves to validate producer claims of good forest management practices. The concept of certification has received the support of several international bodies, including the IUCN which encouraged its members to be supportive of efforts to develop voluntary, independent certification of forest management and associated products labeling. Also, in a recent report to the Commission on Sustainable Development, the International Panel on Forests also recognized that voluntary certification and labeling schemes are among the potentially useful tools to promote sustainable forest management.

While we recognize that certification is only one tool that can be applied to achieve good forest management, we fully accept that certification alone will not solve

ギー・リュトゲン宛のジェームズ・D・ウォルフェンソンの手紙のコピー

決定プロセスは、ひと握りの多国籍巨大企業に支配されている。彼らはタコのようにその足で地球を包み込んでしまった。その上層部の連中は、熱帯雨林の開発現場だろうが、重要戦略が決定される国際機関の委員会だろうが、どこにでも現われる。彼らは、政府や国際機関の委員会などよりも動きが素早い。このパラレルワールドの権力構造を私たちがひと目でも見ることは、そうそうない。たとえば選挙で選ばれた議員が疑念を抱き、「騒ぎを起こし」始めた場合にだけ見ることができる。一九九七年、世界銀行がWWFとの「森林同盟」を結んだと発表したとき、ベルギーのワロン地域〔訳注：ベルギーはワロン地域、フランデレン地域、ブリュッセル首都圏の三地域で構成される〕農業・環境大臣ギー・リュトゲンは、まさにそれをやってくれた。

ギー・リュトゲンと当時の世界銀行総裁ジェームズ・D・ウォルフェンソンの極めて非公式なやり取りを、私は人づてに手に入れた。およそ外交的とは言い難い一九九七年の書簡の中で、リュトゲンはWWFとの同盟に警告を発した。当時WWFは、森林の最低一〇パーセントを自然保護規制によって守るよう求めていた。リュトゲンは世界銀行がこの数字を採用すべきでないと考えた。そしてWWFと民間企業が手を結んだ、お手盛りの持続可能性認証を発行することについても、好ましくないと思った。「公的組織によるモニタリングもなしに、ひと握りのNGOと手を結んだ少数の経済グループがルールを作って、どうして認証が『独立』的なものになるでしょうか？……さらに、特定の政府や企業が、使い物にならない森林の一〇パーセントを保護地区にすることで、残りの九〇パーセントで行なわれる持続可能でない行為が合法化される恐れがあります」[原注69]。

やがて、ベルギーの大臣の懸念は正しかったと証明される。アグリビジネスとWWFが市場に向けて打ち出した持続可能性認証は、紙くず同然だった。どこのホームセンターの店主に聞いても、その通りだと言う。ＦＳＣ持続可能性ラベルをつけた木材製品や家具は、どんどん市場に出回った。ほとんどの人は森林のために良いことをしていると信じて認証木材を買う。だが彼らは、そこに印刷された小さな文字も読むだろうか？　たいていＦＳＣロゴのすぐ隣に、「混合」という害のなさそうな言葉が書かれている。森林管理協議会、略してＦＳＣのルールによれば、混合とは木材の一〇パーセントだけが認証生産であれば良いことを意味している。残りは大規模プランテーションの木材かもしれないし、リサイクル材かもしれない。ＦＳＣ原則では、違法伐採や産地不明の木材、そして過剰伐採が行なわれている森林の木材は除外されることになっている。しかし消費者が認証木材の本当の生産地を知る手立てはない。トレーサビリティなど保証されていない。

思慮深い大臣ギー・リュトゲンは、世界銀行総裁ウォルフェンソンから親しみのこもった、当たり障りのない文面の返信を受け取った。要はリュトゲンの批判を退け、ＷＷＦとの戦略的同盟関係を肯定していた。おまけにウォルフェンソンの回答は、実際に森林の一〇パーセントしか保護しないつもりのＷＷＦの秘密の計画をうっかり認めていた。「ＷＷＦの森林保護地区一〇パーセントというミニマム・ターゲットに関しては、私たちは優先順位を設ける必要があること、そして保護する森林の適正なパーセンテージを決定する上で細心の注意を払わなければならないことに合意している[原注70]」。

ウォルフェンソンは手紙の中で、この認証システムの設立・運用が公的機関でなく、あくまで民間によるものだと主張している。ということは、結局、認証の重要な目的の一つは、熱帯木材の取引に弾みをつけることなのだ。「実質的には、各国が貿易障壁を課してくることを回避するための一助となり得る」。それが問題のポイントだ。彼らが生み出したＷＷＦ同盟と認証システムは、何よりもまず民間企業の経済的利益を実現させるためのものなのである。

ギー・リュトゲンはＷＷＦの権力を抑制しようとした。そうするための法制度が何もないと思ったからだ。「世界銀行のような国際組織が、民主的コントロールのないところで認証のような行動に対して圧力団体として機能する非政府組織と合意を取り付けてしまい、しかもそれを認めるかどうかが他の国際機関によって問題とされていないことは驚きである」。

このベルギー議員によって一九九七年に示された懸念は、誰の耳にも届かなかった。ＷＷＦにとって金回りの良い権力者である世界銀行と同盟を組むことは、素晴らしい戦略だった。一九九七年以降、スマトラ、アマゾン、パプア、コンゴ共和国などの世界有数の熱帯雨林の運命に関わる協議になると、世界銀行とＷＷＦは連携することが多くなった。このパワー・カップルは、関係国政府との交渉の席に着くとき、たいてい「持続可能な森林管理」に関する共同マスター・プランを携えてやって来る。彼らには、その戦略を実行するだけの金もあるし、力もある。世界銀行・ＷＷＦチームが陣頭に立って事業を行ない、現代の征服者たちはそのあとに従う。エネルギー業界やアグリビジネス業界がさっと入り込み、熱帯雨林やそこに住む人々の生活を破壊するという汚れ仕事を担当する。

パプアの征服

ＷＷＦの預言者ジェイソン・クレイ博士は、二〇〇四年に『世界の農業と環境——影響と実践に関する作物別ガイド』というタイトルの文書において、インドネシアだけでプランテーションに利用可能な「劣化した」土地がまだ二〇〇〇万ヘクタールもあると述べている。この数字は、おそらくいい加減な推測だろうが、すぐさま世界銀行に採用された。世界銀行は『パームオイル・セクターにおける持続可能性の重要課題』という研究でジェイソン・クレイの数字を引用し、それをもとにしてインドネシアのパームオイル産業がきっかり二〇〇〇万ヘクタールの「劣化」森林エリアに進出することを推奨している。

「劣化」森林とは何のことかわからない人のために、世界銀行はご親切にもこの研究論文でその定義をこう説明している。

「劣化森林とは、その構造、植物種の組成、バイオマスと樹冠のすべてもしくはどれか一つが、そのエリアをカバーするオリジナルの原生林と思われるものから減少している森林のことである[原注71]」。

この定義に従えば、地球上のほとんどすべての森林が劣化森林に分類される。どれだけの人間、大型類人猿、トラやゾウがそこに生息していようとも、皆伐のターゲットにされてしまう。偶然にも、この研究論文を執筆したのはWWFが設立した持続可能なパームオイルに関する円卓会議（RSPO）事務局長チエン・ハイ・テオだった。RSPO事務局長に就任する以前は、WWFマレーシアの上級ポストに就いていた。すべてがぐるりと一周してもとに戻ってくる仕組みだ。

こうして自分たちが推薦した、自分たちだけに有利に活動する少数の人間のネットワークが、いくつもの国、いや、大陸の運命を決定している。アグリビジネス・ロビーは、ジェイソン・クレイの数々の研究や統計のマジックを熱心に引用している。彼の言葉は業界のセミナーや会議の場で、ウイルスのように広がっている。そしてほとんどの場合、「自発的な再定住」などと言い出す前に、すべてが社会的暴力で幕をおろす。

ジェイソン・クレイが「未使用で劣化している」森林だと主張する二〇〇〇万ヘクタールの土地は、インドネシアのどこに位置しているのだろうか？　この島国の本島であるスマトラとボルネオには、伐採できるような原生林はもうほとんど残されていない。パームオイル産業やジャカルタの大蔵省官僚でさえ、インドネシアで新たなプランテーションにできる土地はせいぜい一〇〇〇万ヘクタールだと言っている。ジェイソン・クレイは、二〇〇〇万ヘクタールという数字にどうやってたどり着いたのか？　ひょっとしてパプアの土地を計算に入れているのだろうか？

インドネシアのパプア州と西パプア州を含むニューギニア島〔訳注：ニューギニア島はインドネシアとパプアニューギニアの二カ国が領有する。インドネシア領は西パプア州とパプア州で構成される〕は、ここ何年もインドネシア共和国のアキレス腱だった。ここには、今のところまだプランテーション経済に蹂躙されていない自然のままの地域がある。長年アグリビジネスが目をつけている肥沃な土地だ。業界にとっての大きな問題は、この土地がパプアの先住民族に所属しているということだ。ここを征服しようと試みる者は誰でも、戦争程度のリスクは免れない。

オランダの植民地統治が終わり、インドネシアはニューギニア島西部のパプアを強制的に併合した。それ以来インドネシアは、そこに住む人々の分離独立を求める熱意を押さえ込み、無理やり同化させようとしてきた。先住民族の抵抗を打ち破るため、大規模な再定住プログラムによって何十万人もの多民族がインドネシアの別の島々から紛争地域へと送り込まれた。そうしてパプアの先住民族は、先祖伝来の土地でマイノリティとなってしまったが、それでもまだ諦めていない。彼らの砦は熱帯雨林だ。

先住民族が森林を利用する権利は、インドネシア憲法で認められている。紛争解決に向けた国際的介入の結果だ。

今、パプアの先住民族をインドネシア国家へと取り込むための最後のひと押しとして、中央政府はパプア州を経済的に開発しなければならないと理由をつけて、彼らの森林の権利を取り上げようと計画している。政府の思い通りに事が運べば、パプア州はサトウキビ、木材、パームオイルの大規模農業のパラダイスへと転換される予定だ。世界銀行は資金面でこの計画をバックアップしている。ＷＷＦは、生態学的・社会的「諸問題」が持ち上がったときに、解決のお手伝いをする。

ロニー　WWFインドネシア

二〇〇七年四月、ＷＷＦと世界銀行の上層部が、インドネシアのアチェ州〔訳注：スマトラ島北端の州〕、パプア州、西パプア州の知事とバリ島〔訳注：インドネシア、ジャワ島の東にある島〕で会合した。参加者たちは、インドネシアの熱帯雨林の未来について話し合うために、この円卓会議に集った。つまり、どの森林が「持続可能な経済開発」のために利用することが可能で、「排出回避量」に関する国連プログラムから金を稼ぐためにどの森林を保全すべきかを話し合うのだ。ジャカルタの中央政府は目標を定めた。パプアだけで一〇〇〇万ヘクタールの森林をプランテーションのために伐採するという目標だ。政府はまた、企業にその土地の九十五年間貸与を許可する法律を制定する計画だ。この法律には、強制退去させられる「民族」に補償金を支払う規定が設けられている。

この話し合いの締めくくりとして、WWFと世界銀行はその「成功」を発表した。成功とは、パプアの「経済ゾーン」に割り当てられた面積が、一〇〇〇万ヘクタールから九〇〇万ヘクタールに縮小したことをさしていた。残りの一〇〇万ヘクタールについては、国立公園として開発の手をつけないことになった。だが実のところ、WWFが開発留保地として事前交渉で勝ち取ったのは、五〇万ヘクタールだけだった。残りの五〇万ヘクタールは、交渉が始まる前からすでに国立公園として法的に保護されていた土地だった。WWFはまた、バリ決議の実際的応用に向けても、迅速かつ積極的な役割を果たした。具体的に言うと、WWFは先住民族を居住地から追い出すための、地図製作者としての役割を買って出たのだ。

ロニーは、メラウケ〔訳注：パプア州の県名〕にあるWWFパプア事務所のプロジェクト・マネージャーだ。オフィスの壁には、パプアの未来の区画が書き込まれた地図が貼られていた。先住民族の聖地として保護されるべきなのはどこか、パプアの先住民族はどの地域に公式な使用権を持っているか、プランテーションはどこにできるか。地図作りのプロセスは諸刃の剣だ。うまくいけば、先住民族の土地の権利を保証できる場合もある。しかし一方で、侵略者による土地の収奪を合法化してしまいかねない。私の同僚ジャーナリスト、インゲ・アルテマイヤーがバリ会議の直後にロニーを取材し、なぜWWFは業界に加担し、彼らの侵攻を手助けするのかと尋ねた。彼はこう答えた。「森林を保護するチャンスがなかった。だから私たちは、価値の高い森林エリアがわずかだけでも保護されるように、企業と協力して活動しなければならなかった[原注72]」。

ロニーはWWFスタッフとして、次の質問にもためらうことなく答えた。あなたが割り振りを手伝っている森林は、そもそも誰のものか？　「地元のコミュニティだ。土地は今でも先住民族に所属している」。彼らは九〇〇万ヘクタールの土地にオイルパームを植える計画を知らされているのか？　この質問にロニーは頭を振り、こちらの言ったことを訂正した。「ここメラウケでは、一〇〇万ヘクタールだけだ。先住民たちには何が計画されているのか知らされなくてはならない。そうしなければ自分たちの土地を手放さないだろう。そうなれば争いが起こる。土地をすべて売ってしまったらどこに住めば良いのかと心配する人もいる。彼らは、将来プランテーションで働く自分たちを想像することができない。一方、こう考える人もいる。土地を一〇億ルピアで売れば、その金で五十年は暮らしていける。その人たちは何が起こるのかを理解している」。

ＷＷＦは本当に善かれと思ってやっている。だがＷＷＦの素晴らしき新世界に住みたいかどうか、「野蛮人たち」に聞いてみたことがあるのだろうか？　なさそうだ。彼らの土地は単純に、経済ゾーンと自然保護ゾーンに細かく分けられる。これまで暮らしてきた場所には、もう自由に出入りできなくなる。

ＷＷＦの代表者がパプアの村々を訪ね、観光業に「新しい雇用機会」と「新しい収入源」があると彼らに言う。実際、この空疎な言葉は、まさにパプア文化の死を意味している。森のふるさとを失った先住民族は、先祖伝来の自給自足の手段も換金作物もすべて失うのだ。彼らは観光業の民俗博物館で見世物として生きるか、都市のスラムに流れるか、プランテーションで低賃金の臨時雇いになるしかない。ＷＷＦはパプアの先住民族の強制移住作戦において、イデオロギー上の側面防衛をし、前衛部隊として活躍した。五百年前にカトリックの司祭たちが中央・南アメリカの原生林に入って先住民族に「文明」の恩恵を広め、そのあとのスペイン人征服者の仕事をやりやすくしたことを思い起こさせる。

カシミルス・サンガラ族長

カシミルスの最後の抵抗

ＷＷＦの緑の帝国を巡る旅の終わりに、私たちはパプアニューギニアとの国境にあるワシュアー国立公園のカヌメ族の村を訪れた。低木がまばらに繋っていた。かつての沼沢地は乾燥林に変貌していた。ＷＷＦは、国立公園の中にカヌメ族のための安全な居住区域を設置したという事実を自慢にしていた。そこにいれば、先住民はオイルパーム・プランテーションの支配から逃れられる。私の同僚ジャーナリスト、インゲ・アルテマイヤーは、カヌメ族の族長カシミルス・サンガラを訪ね、彼の生まれ育った場所に劇的な変化が起こっていることについてどう思うか尋ねた。族長のもとに到着したとき、彼女は九〇家族が生活するその村が八〇人ものインドネシア軍兵士にガードされていることに気づいた。国立公園は厳重な武装ゾーンだった。自由パプア運動（ＯＰＭ）〔訳注：イリアンジャヤと呼ばれるパプア州と西パプア州の、インドネシアからの分離独立を目指して一九六五年に設立された組織〕がインドネシア占領軍に弓矢で抵抗していたからだった。ワシュアー地域では何もかもが軍に統制されていた。パプアの先住民族は皆、国内でどうやって静けさが保たれているのかを知っていた。多くの先住民族が投獄され、拷問され、殺された。跡形もなく消された者たちもいた。

インゲ・アルテマイヤーの取材はフィルムにおさめられた。そこに映るカシミルス・サンガラは部族の栄光に輝いていた。部族の正装を身にまとう姿は、ハリウッド映画に登場する族長のようだった。顔に戦いの化粧を施し、大いなる羽飾りをつけたむき出しのたくましい腕は、彼の力強い抵抗を表わしていた。彼は森の神々に直接連絡の取れる手段を持つ男であり、村でたった一台の自転車の所有者でもあった。兵士たちが取材を「監視」していたが、族長は国立公園の統制について批判した。彼の部族はもはや、ブタを飼うことも許されず、公園のコアゾーンでの狩りは法律で禁止されていた。カシミルス・サンガラにとって、部族の権利に対する耐え難い侵害だ。狩りは法的には禁じられているが、実際には行政府は「黙認している」とWWFは言い訳をする。WWFに言わせれば、カヌメ族エリア全体がワシュアー国立公園内にあるのだから、パームオイル産業との争いなどあり得ない。サンガラ族長は、毎年乾季の始まる六月に部族の男たちを引き連れ、公園の境界を超えて五カ月間の狩りに出かけると明かした。州政府は、公園のそばにはプランテーションを作らないと約束したが、カシミルスは政府の約束など信じていない。

彼は諸部族と占領側との仲介役をするWWFと知り合いになった。「WWFのスタッフはここに地図を作りに来た」と族長は振り返る。彼らはまた、族長に沢山の約束をしていった。新しい村、金、学校、ユーカリ油を売って部族の収入になる見込みなど。サンガラ族長によれば、約束のほとんどは果たされていない。そして彼はWWFを快く思っていない。WWFの使者が、公園内の狩猟を禁止する計画を黙っていたからだ。

カシミルス・サンガラは他の部族の族長たちとの話し合いに出席した。そこでは特にMIFEEとして知られる政府の事業について話し合った。MIFEEとはメラウケ総合食料エネルギー農園プロジェクトの略で、その目的はパプアを経済的に「開発する」ことだ。農業省はメラウケの森林一九〇万ヘクタールを伐採し、オイルパーム、イネ、サトウキビを植えようとしている。パプア州では、先発のアグリビジネス大企業がすでに権利を主張していた。マリアン・クルート（ウォッチ・インドネシア）の調査によれば、二〇一二年に五〇万ヘクタールの伐採が認可されている。カシミルス・サンガラが治める地の中心にあるワシュアー国立公園内でさえ、違法伐採が激増した。アグリビジネスが急速に進出してきた明らかなサインであった。非常警報を鳴らすべき兆候がこれほどあっても、族長は、彼の世界が終わりを迎えていることを理解することなどできない。族長としての彼の想像力の及ぶ範囲を超えているからだ。

彼は手で空中に輪を描きながらこう言った。「兵士たちは良い武器を持っている。だが彼らは私に何もできないだろう。私を尊敬しているからだ。私が望めば、彼らに呪いをかけることもできる。神々や祖先たちがこの森には住んでいる。森は生命の源だ。私たちは森を守る。誰も森を壊すことはできない」。

謝辞

多くの友人や専門家の皆さんの惜しみない助力がなければ、本書のベースとなるさまざまな情報源に的確にたどり着くことは不可能だった。有益なアドバイス、表現に関する助言、草稿に関する辛口の意見を下さった以下の方々に、心より感謝申し上げたい。インゲ・アルテマイヤー、ニーナ・オランド、クラウス・シェンク、グアダルーペ・ロドリゲス、ウルラシュ・クマール、ノーディン、アンドレス・カラスコ教授（二〇一四年逝去）、ヘリベルト・ブロンディアウ、ハイケ・シューマッハー、コンラート・イギー、レイモンド・ボナー、ルネ・ズワープ、レト・ゾンダーレッガー、ハヴィエラ・ルリ、ティベット・ジンハー、アルノ・シューマン、マリアン・クルート。私のドキュメンタリー映像「パンダたちの沈黙」から調査データや録画内容の使用を許可して下さったドイツの放送局ＷＤＲにも心より感謝申し上げたい。本書を仕上げるに当たって、明晰な質問や調査内容の緻密な確認をして下さった編集者ハンナ・ブルートにも賛辞を述べたいと思う。大事なことを一つ言い残したが、厳密にしてエレガントな渾身の英訳をして下さったエレン・ヴァーグナーに最高の謝辞を贈りたい。

URL: http://www.ecoportal.net/layout/set/suscripcion/content/view/full/52665

原注66. Clay, Jason W.: Indigenous Peoples and Tropical Forests. Models of Land Use and Management from Latin America. Cambridge, MA: Cultural Survival, 1988. Cultural Survival Report 27.

原注67. Glasser, Jeff: Dark Cloud: Ben & Jerry's Inaccurate in Rainforest Nut Pitch. Boston Globe, July 30, 1995.

原注68. International Hydropower Association: Hydropower Sustainability Assessment Protocol, Sutton 2010.
URL: http://www.hydrosustainability.org/IHAHydro4Life/media/PDFs/Protocol/hydropower-sustainability-assessment-protocol_web.pdf

原注69. 1997年9月9日付 Minister Guy Lutgen の手紙。著者がコピーを所有。

原注70. 1997年12月4日付 James D. Wolfensohn（世界銀行総裁）の手紙。著者がコピーを所有。

原注71. Teoh, Cheng Hai: Key Sustainability Issues in the Palm Oil Sector.
http://siteresources.worldbank.org/INTINDONESIA/Resources/226271-1170911056314/Discussion.Paper_palmoil.pdf

原注72. Inge Altemeier による Ronny へのテレビ番組用インタビュー。

原注52. Blanco-Canqui, H., Lal, R.: No tillage and soil-profile carbon sequestration: An onfarm assessment. Soil Science Society of America Journal 72, 2008, ps 693-701.

原注53. Altieri, Miguel, Bravo, E.: The ecological and social tragedy of crop-based biofuel production in the Americas, 2007.
URL: http://wrm.org.uy/oldsite/subjects/agrofuels/crop_based_biofuel.html

原注54. Roberts, Martin: Limited biofuel land compatible with food: www.Reuters.com（Spain）May 19, 2010.

原注55. Hungrig oder hurtig, Süddeutsche Zeitung, December 12, 2013.

原注56. WWF Deutschland: Searching for Sustainability, November 2013.
URL: http://assets.panda.org/downloads/wwf_searching_for_sustainability_2013.pdf

原注57. RTRS_STD_001_V1-0_ENG_for responsible soy production: http://www.responsiblesoy.org.

原注58. Deutscher Naturschutzring（DNR）副総裁 Harmut Vogtmann 博士の署名入り February 9, 2011 付の書簡。著者がコピーを所有。

原注59. Clay, Jason, the Global Harvest Initiative conference におけるスピーチ。 April 2010, Washington
URL: http://vimeo.com/10776368

原注60. Ibid.

原注61. Clay, Jason: How big brands can save biodiversity, the TED Global Conference におけるスピーチ。 Edinburgh 2010.
URL: http://www.ted.com/talks/jason_clay_how_big_brands_can_save_biodiversity

原注62. Blackwater's Black Ops, The Nation, September 15, 2010.

原注63. WWF スイス代表 Hans Peter Fricker が、"Niemand beim WWF will ein Feigenblatt sein", the Neue Zürcher Zeitung, June 29, 2011 でのインタビューにおいてモンサントからの寄付について認めている。

原注64. 遺伝子組み換え（GM）大豆生産との関わりについて RTRS への関与に対する批判に対応するための WWF ネットワークで合意されたメモ。2009 年 2 月 17 日付の WWF 内部資料。Sebastian Lasse より著者に提供された。

原注65. Winstra, Els and Rulli, Javiera: El negocio de la Soja. EcoPortal.net, October 10, 2005.

Sime Darby, November 2011.
URL: http://www.sarawakreport.org/2011/11/top-us-economist-was-cultivatedand-influenced-to-become-a-champion-of-sime-darby-world-exclusive/

原注42. Sime Darby Website: Sustainability Initiatives, December 29, 2011.
URL: https://web.archive.org/web/20120204013030/http://www.simedarbyplantation.com/Sustainability_Initiatives.aspx

原注43. Sarawak Report: Top US Economist Jeffrey Sachs was "cultivated" and "influenced" to become a "Champion" of Sime Darby, November 2011.
URL: http://www.sarawakreport.org/2011/11/top-us-economist-was-cultivatedand-influenced-to-become-a-champion-of-sime-darby-world-exclusive/

原注44. The Telegraph: Palm oil round table "a farce", November 2008.
URL: http://www.telegraph.co.uk/earth/environment/forests/3534204/Palm-oilround-table-a-farce.html

原注45. WWF Deutschland, Die »Heart of Borneo«-Initiative, Frankfurt, 2005, p. 2.
www.wwf.de/downloads/publikationsdatenbank/ddd/10181/

原注46. Global Witness: Pandering to the Loggers. Why WWF's Global Forest and Trade Network isn't working, p. 8.
URL: http://www.globalwitness.org/sites/default/files/library/Pandering_to_the_loggers_WEB.pdf

原注47. Clay, Jason W.: Agriculture from 2000 to 2050 – The Business as Usual Scenario, Global Harvest Initiative, スピーチ原稿 p. 36.

原注48. フンダシオン・ヴィーダ・シルヴェストレ（FVS）は1988年にWWFインターナショナルに加盟し、それ以来ずっとWWF支部である。

原注49. Atlas del Gran Chaco Americano, GTZ 2006, p. 72.

原注50. Acta No. 4: Foro por 100 Millones Sustentables, September 14, 2004.

原注51. WWF press release, May 29, 2009: Soy industry adopts environmental standards.
URL: https://web.archive.org/web/20090609151155/http://www.worldwildlife.org/who/media/press/2009/WWFPresitem12532.html

原注24. Stephen Ellis, Leiden University, 著者によるテレビ番組用インタビュー、2011年3月7日。

原注25. Schwarzenbach, op. cit., p. 218.

原注26. Groh, Arnold: Report, Assessment and Recommendations regarding the Batwa people, Press Office of the Berlin Technical University July 15, 2011.

原注27. Locals who once opposed gorilla habitat now exert themselves to protect it, Website WWF International from January 1, 2012.
URL: http://wwf.panda.org/what_we_do/how_we_work/conservation/species_programme/species_people/our_solutions/binp_uganda/

原注28. Ibid.

原注29. Feasibility study Kavango-Zambezi-Project, Volume 2.
URL: http://www.kavangozambezi.org/sites/default/files/Publications%20%26%20Protocols%20/kaza_tfca_prefeasibility_study_volume%202.pdf

原注30. MacDonald, Christine: Green, Inc. - An environmental insider reveals how a good cause has gone bad, Guilford 2008, p. 7.

原注31. Inge Altemeier による Amalia Prameswari のインタビュー。

原注32. Malaysian Environmental Consultants Sdn. Bhd., HCV Assessment of the Wilmar Central Kalimantan Project, Jakarta 2009.

原注33. Ibid. p. 16.

原注34. Wilmar, Central Kalimantan Project Indonesia - Proposed Conservation Area（著者所有）.

原注35. Inge Altemeier による Martina Fleckenstein のインタビュー 2010年。

原注36. Greenomics, Wilmar Touts Concern for Orangutan, Jakarta, July 11, 2011.

原注37. Fleckenstein, Martina: Roundtable on Sustainable Palm Oil, presentation, GTZ, 2010.

原注38. Fleckenstein, Martina: “Umweltverbände schießen sich auf Nachhaltigkeitssiegel ein”, top agrar online, February 3, 2010.

原注39. http://www.iscc-system.org

原注40. Cargill’s Problems With Palm Oil, www.ran.org/cargillreport

原注41. Sarawak Report: Top US Economist Jeffrey Sachs was “cultivated” and “influenced” to become a “Champion” of

原注

原注すべてのURLは2014年9月15日に更新済み

原注1. Dowie, Mark, Conservation Refugees, Massachusetts, 2009, p. 123 et al.

原注2. Dowie, op. cit., p. 130.

原注3. Tiger in Not, WWF Germany, Berlin 2010.

原注4. Schwarzenbach, Alexis: Saving the World's Wildlife. WWF - the first 50 years. London 2011, p. 164.

原注5. Bonner, Raymond: At the hand of man. Peril and hope of Africa's wildlife, New York 1993, p. 176.

原注6. Bonner, op. cit., p. 176.

原注7. Bonner, op. cit., p. 178.

原注8. Dowie, op. cit., p. 3.

原注9. Douglas, Allen: WWF. "Rassenlehre und Weltregierung", Der Untergang des Hauses Windsor, Wiesbaden, Executive Intelligence Review, 1995, p. 21.

原注10. Bonner, op. cit., p. 61.

原注11. Bonner, op. cit., p. 64.

原注12. Kevin Dowlingのインタビュー, 1997年。

原注13. Schwarzenbach, op. cit., p. 52.

原注14. Howarth, Stephen and Jonker, Joost, A History of Royal Dutch Shell, Band II, Oxford 2007, p. 427 et al.

原注15. Schwarzenbach, op. cit., p. 147.

原注16. WWF 執行委員会 1982年3月24日 議事録, Schwarzenbach, p. 149.

原注17. The WWF foundation council 1967年4月26日議事録。Sch - warzenbach, p. 148.

原注18. René Zwaap によるKevin Dowlingの未発表インタビュー、, 1997.

原注19. Bonner, At the Hand of Man. Peril and Hope for Africa's Wildlife, New York 1993, p. 180 et al.

原注20. Bonner, op. cit., p. 77.

原注21. Schwarzenbach, p. 219.

原注22. Kevin Dowlingのインタビュー、1997年。

原注23. Bonner, op. cit., p. 80.

解説と訳者あとがき

本書のオリジナルは、二〇一二年四月にドイツの出版社Gütersloher Verlagshausから出版されたSchwarzbuch WWF――Dunkle Geschäfte im Zeichen des Panda（以下、原著）である。著者であるヴィルフリート・ヒュースマン氏（Huismannはオランダ系移民の名前で、著者によればuiはüと同じ発音とのことなので、日本語では「ヒュー」と表記した）はその前年の二〇一一年六月に、ドキュメンタリー番組Der Pakt mit dem Pandaを制作し、ＷＷＦの実態を暴いた。原著の内容は、そのドキュメンタリー番組がベースとなっている。

原著がドイツで出版された一週間あまりのち、ＷＷＦドイツは弁護士を通して国内の書籍問屋やインターネット通販サイトＡｍａｚｏｎなどに対し原著に多数の事実誤認があると手紙を出し、取り扱いをやめるように圧力をかけた。そのため原著はそれから数週間、多くの書店の店頭から姿を消すことになった。しかし一部の書店が出版社から直接本を取り寄せて販売を続け、言論の自由を侵害する自己検閲行為として抗議の声を上げた。ドイツの大手紙『フランクフルター・アルゲマイネ・ツァイトゥンク』がこの一件を記事にしたために問題が全国的に知られ、問屋やインターネット通販サイトは原著の取り扱いを再開した。

同年五月、ＷＷＦドイツは原著の発売禁止を求めて著者と出版社の親会社であるRandom Houseを相手取って訴訟を起こした。だがケルン地裁は原著を発売禁止処分にはせず、同年七月に三者による和解を勧告し、著者とRandom HouseはＷＷＦドイツの主張する誤りの修正に合意、原著の内容を修正・一部削除することで一件落着となった。和解の結果を反映した修正版は、同年九月に出版された。

最も重大な削除箇所は、ＷＷＦドイツのバイオエネルギー担当の女性に関する記述で、その女性の名前とインタビュー内容はすべて掲載不能となった。本書では、その女性は「マダムＸ」「バイオマス女史」などと呼ばれている。

裁判終了後、著者は原著の英語版を出版するために出版社を探したが、どこにも引き受け手がなかったために自ら出版社Nordbookを立ち上げてRandom Houseから外国語版の出版権を買い上げ、英語版Panda Leaks - The Dark Side of the WWFを二〇一四年九月に出版した。現在は原著ドイツ語版の出版権のみ、Random Houseが持っている。こうした経緯から、著者が出版権を持つ英語版がオリジナル扱いとなり、常に英語版が最新版となるという異例の逆転現象が起きたため、日本語版は英語版の翻訳という形で出版される運びとなった。

筆者は再生エネルギーに関する資料をインターネットで探しているときに、アメリカの市民団体REDD MonitorのサイトでLeaksを見つけた。英語に翻訳されていなければ、筆者が同書に出会うことはなかっただろう。ドイツで大きな論争を巻き起こしたヒュースマン氏の労作を日本に紹介でき、大変名誉に思う。

著者のヒュースマン氏はドイツでは有名人であり、その映像作品も著作も人気があるが、日本ではまだあまり知られていない。また既述のとおり、本書は英語翻訳版を翻訳するという、いわゆる重訳となった。そんな状況で本書の出版を引き受けてくださった緑風出版の高須次郎さんに、心よりお礼を申し上げたい。

二〇一五年八月

鶴田 由紀

写真の出典

p. 19 © Wilfried Huismann
p. 21 © Photo by Wilfried Huismann
p. 29 © WDR
p. 31 © AFP/Getty Images
p. 33 © Wilfried Huismann
p. 35 © Wilfried Huismann
p. 39 © Wilfried Huismann
p. 53 © Photo by Wilfried Huismann
p. 55 © Wilfried Huismann
p. 57 © Wilfried Huismann
p. 61 © Jan Schmiedt
p. 63 © Anonymous
p. 71 © Wilfried Huismann
p. 75 © Arno Schumann
p. 83 © Photo by Wilfried Huismann
p. 101 © René Zwaap
p. 113 © Arnold Groh
p. 117 © Photo by Wilfried Huismann
p. 121 © Wilfried Huismann
p. 125 © Wilfried Huismann
p. 129 © Wilfried Huismann
p. 131 © Photo by Wilfried Huismann
p. 143 © Inge Altemeier
p. 145 © Cordula Kropke / Rettet den Regenwald e.V.
p. 151 © Inge Altemeier
p. 168 © Photo by Wilfried Huismann
p. 169 © Photo by Wilfried Huismann
p. 175 © Wilfried Huismann
p. 177 © Marie Schumacher
p. 183 © Wilfried Huismann
p. 195 © Anonymous
p. 200 © Wilfried Huismann
p. 208 © WDR, Stefan Falke
p. 219 © Wilfried Huismann
p. 231 © Photo by Wilfried Huismann

[著者略歴]

ヴィルフリート・ヒュースマン

1951年生まれ。歴史学と社会科学を学ぶ。チリで開発援助の仕事に携わったあと、1982年にジャーナリストとなり、ラジオ番組向けの取材やノンフィクションの執筆を手がけた。ヒュースマンはその調査範囲を映像制作へと広げ、ドイツ国内で最も尊敬される有名なドキュメンタリー・プロデューサーの1人となった。近年は脚本家へと活動の範囲を広げ、ドイツの犯罪捜査番組「タートオルト」の脚本を手がけた。ヒュースマンのドキュメンタリー映像は、ドイツで優秀なテレビ番組に送られるグリンメ賞を3回受賞した他、ニューヨーク映画祭　ワールド・メダル／BANFFワールド・メディア・フェスティバル　ロッキー賞／レオナルド賞パルマ国際医学映画祭　銀賞／テルユライド映画祭での上映といった数々の国際的な賞を受賞している。北ドイツ、ブレーメン在住。

写真 Jan Schmiedt

[訳者略歴]

鶴田由紀（つるた　ゆき）

フリーライター

1963年　横浜生まれ
1986年　青山学院大学経済学部経済学科卒業
1988年　青山学院大学大学院経済学研究科修士課程修了

訳書：ヴァンダナ・シヴァ『生物多様性の危機』（共訳）明石書店、2003年
著書：『ストップ！風力発電——巨大風車が環境を破壊する』アットワークス、2009年、『巨大風車はいらない原発もいらない——もうエネルギー政策にダマされないで！』アットワークス、2013年

WWF黒書《こくしょ》——世界自然保護基金の知られざる闇

2015年11月30日　初版第1刷発行　　定価2600円＋税

著　者　ヴィルフリート・ヒュースマン
訳　者　鶴田由紀
発行者　高須次郎
発行所　緑風出版 ©
〒113-0033　東京都文京区本郷2-17-5　ツイン壱岐坂
［電話］03-3812-9420　［FAX］03-3812-7262［郵便振替］00100-9-30776
［E-mail］info@ryokufu.com［URL］http://www.ryokufu.com/

装　幀　斎藤あかね
制　作　R企画　　印　刷　中央精版印刷・巣鴨美術印刷
製　本　中央精版印刷　　用　紙　大宝紙業・中央精版印刷　　E1200

Printed in Japan　　ISBN978-4-8461-1516-6　C0036